Robert Boulanger / Gabriella Trautmann Zenoni

Mantrailing

Robert Boulanger/Gabriella Trautmann Zenoni

Mantrailing

Teamarbeit mit Nase und Verstand

Oertel+Spörer

Bildnachweis
Titelbild: Danilo Wyder
Innenteilbilder: Pietro Bandera S. 175; Robert Boulanger S. 30, 36, 50 (3), 70 (2), 73, 85, 123, 124, 125, 127, 130; Evelyn Boulanger S. 15; Stefan Hiller S. 62, 79, 163; Harmke Horst S. 56 (2); Michael Gotthard S. 31, 35 l. (2), 39, 58 (2), 59 (2), 60, 67, 68, 69, 103 (2), 149, 154 (2), 155 (2), 168 (2), 169 (2); Meret Hirschbrich S. 97; Barbara Kaspar S. 21, 35 r., 80, 110 (3), 111 (2), 119, 138–143 (18), 171; Christian Lendl S. 95, 129; Josef Nejdl S. 128; Sibylle Ortner S. 77; Nika Spatzierer S. 86, 105. Alle anderen Bilder von Danilo Wyder.
Grafiken: Peter Ortner (S. 27, 123, 134)

Bibliografische Information der Deutschen Nationalbibliothek
Die Deutsche Nationalbibliothek verzeichnet diese Publikation in der Deutschen Nationalbibliografie; detaillierte bibliografische Daten sind im Internet über http://dnb.d-nb.de abrufbar.

© **Oertel+Spörer Verlags-GmbH + Co. KG · 2013**
Postfach 16 42 · 72706 Reutlingen
Alle Rechte vorbehalten
Lektorat: Elisabeth Schicketanz, Dr. Gabriele Lehari
DTP und Repro: Oertel+Spörer Verlags-GmbH + Co. KG, Reutlingen
Druck und Bindung: Oertel+Spörer Druck und Medien-GmbH + Co., Riederich
Printed in Germany
ISBN 978-3-88627-850-3

Inhalt

Geleitwort von Ádám Miklósi

Es ist nicht lange her, dass mich Robert gebeten hat, ein Vorwort für dieses Buch zu schreiben. Obwohl er mir in einem langen Brief erklärt hat, wie er zu dieser Entscheidung kam, bin ich mir trotzdem nicht sicher, ob es eine gute Wahl war. Letztlich bin ich ja ein Biologe, der nicht viel von Hundetraining versteht, und deswegen ist auch meine Meinung in diesem Fall fraglich – obwohl ich doch eine habe.

Leider kann ich auch keine Vergleiche anstellen, weil ich kein anderes Buch über Mantrailing gelesen habe. So bin ich natürlich auch nicht in der Lage zu bewerten, ob dieses oder jenes „stimmt" oder nicht.

Was ich dazu sagen kann, ist aber vielleicht noch wichtiger: Mir tut es sehr leid, dass die Wissenschaft und Forschung die meisten Aspekte des Hundetrainings vernachlässigt. Ich fühle mit jedem Erst-Hundebesitzer mit, der in diesem Meer von Hundebüchern in Verwirrung gestürzt wird. In den letzten etwa acht Jahren hatte ich die Möglichkeit, über 30 Seminare in Deutschland zu halten, und ich war immer begeistert vom Interesse des Publikums für unsere Forschung über Hunde. Aber ich hatte auch das Gefühl, dass manche Leute mit Informationen (und dazu noch oft widersprüchlichen Informationen) geradezu überschüttet werden und letztlich überhaupt nicht mehr wissen, was sie tun und lassen sollen.

In diesem Sinn ist dieses Buch tatsächlich eine große Hilfe für alle, die etwas Neues mit ihrem Hund zusammen lernen wollen. Hier gibt man sich große Mühe, alle möglichen Fragen zu beantworten und Probleme entweder vorzubeugen oder sie zu lösen. Mithilfe dieses Buches wird es viel einfacher, das Training so aufzubauen, dass der Hund nicht nur das Trailen lernt, sondern auch Spaß an dieser Arbeit hat. Und dieses Thema bringt uns zu der Frage: Warum sollte man mit dem Hund solche gemeinsamen Tätigkeiten überhaupt anstreben?

Wie die Griechen für die moderne Wissenschaft, so sind die Wölfe für die Hunde der „absolute" Ausgangspunkt. Wie Robert an einer Stelle schreibt, haben die Hunde das Potenzial für ihr Geruchsvermögen von ihren Ahnen geerbt. Aber für die Wölfe bedeutet ihre Nasenleistung nicht nur eine von mehreren zur Verfügung stehenden Möglichkeiten, sondern ist auch eine Frage von Leben und Tod. Obwohl Wölfe auch in der Gruppe jagen, kommt es in einem Wolfsleben häufig vor, dass sich ein Tier nur mehr auf seine eigenen Fähigkeiten stützen kann. Ein Familienhund kann auch gut überleben, wenn er ganz auf die Welt der Gerüche verzichtet. Folgt daraus, dass Hunde überhaupt keine Erfahrung mit Gerüchen zu machen brauchen? Nein. Ganz im Gegenteil! Denken Sie an das Tierschutzgesetz! Ausdrücklich wird vom Gesetz betont, dass bei jeglicher Art von Tierhaltung das jeweilige Tier in der Lage sein muss, seinen natürlichen Bedürfnissen nachkommen zu können. Und wer würde anzweifeln, dass auch Hunde das Recht auf artgerechte Tierhaltung haben? Also sollten wir Mantrailing nicht nur als kleinen Spaß für Hund und Besitzer verstehen, sondern als eine der vielen Möglichkeiten, wie der Hund zum „Recht auf seine Nase" kommt.

In der Natur benutzen Wölfe ihre Nase schon gleich nach der Geburt und lernen schnell, wie wichtig es ist, die Moleküle in der Luft gut auszuwerten. Es geht hier nicht nur um das spätere Jagen, sondern auch um die Gerüche der Kumpane und andere, womöglich gefährliche Dinge (zum Beispiel im Fall des Wolfes die menschlichen Gerüche). Obwohl sich noch sehr wenig zu diesem Thema findet, das wissenschaftlich dokumentiert wäre, lernt der Wolf in dieser Hinsicht mit Sicherheit sehr viel von der Mutter, solange sie sich um den Wurf kümmert, und später auch vom Vater und anderen Familienmitgliedern im Zuge des „Jagdtrainings".

Im Fall vom Hund sind wir in unserer Rolle als Gruppenmitglieder da viel nachlässiger. Es scheint, als hätten wir die Wichtigkeit der natürlichen Verhaltensentwicklung vergessen. Meiner Meinung nach könnte man die Interessen des Hundes für Gerüche schon in der Welpenzeit wecken. Ja, es geht hier tatsächlich um „wecken", denn aufgrund seiner äußerst günstigen bzw. bequemen Lebensbedingungen ist der Familienhund nicht dazu gezwungen, seine Nase als ein mögliches Mittel zum Zweck zu entdecken. Wahrscheinlich wäre es keine gute Idee, mit dem kleinen unerfahrenen Welpen auf „große Jagd" zu gehen, aber kleine Übungen auch bzw. vor allem zu Hause könnten die olfaktorische Sinnesleistung fördern.

Ádám Miklósi (Foto mit freundlicher Genehmigung vom Department of Ethology, Eötvös Loránd University)

Natürlich hat die Wissenschaft in diesem Zusammenhang noch viel Arbeit vor sich. Erstens wissen wir noch sehr wenig über die unterschiedlichen Fähigkeiten verschiedener Rassen. Im Prinzip können die meisten aller Hunde ins Training gebracht werden, doch es wird immer Hunde geben, deren Anlagen ihnen ein größeres Potenzial mitgeben, um größere Fortschritte zu machen, oder denen das Erlernen bestimmter Fähigkeiten aus irgendwelchen Gründen leichter fällt. Zweitens gibt es noch sehr wenige Daten über die Empfindlichkeit und das Differenzierungsvermögen der Nasen unserer Hunde und auch darüber, warum manche Gerüche für den Hund so anziehend sind, während sie andere meiden. Drittens sind gerade im Bereich der Nasenarbeit noch viele Fragen offen. Welche Moleküle spielen die wichtigste Rolle, wenn der Hund eine Spur verfolgt? Wie werten die Hunde die Richtung der Spur eigentlich aus?

Ist Mantrailing nun also eine Aufgabe, ein Beruf oder eine Berufung oder ein Spiel, wenn einem nichts Besseres einfällt? Meiner Meinung nach soll jeder Hundebesitzer sich entscheiden, wie er will. Wesentlich ist aber, dass er oder sie die Entscheidung ernst nimmt. Man sollte sich selbst wirklich für eine solche Beschäftigung begeistern können und nicht nur von dem Pflichtbewusstsein getrieben sein, „etwas mit dem Hund zu machen". Für den Hund sind die echten Emotionen immer wichtig, also sollte auch der Mensch Spaß daran haben, mit dem Hund auf eine Suche zu gehen. Mantrailing ist wirkliche Teamarbeit, daher ist auch das Einfühlungsvermögen des Besitzers von wesentlicher Bedeutung. Man sollte hier nicht nur die Rolle des Lehrers übernehmen, sondern auch so tun können, als ob unser Leben vom „Erfolg der Jagd" bzw. – in unserem Fall – der erfolgreichen Suche abhinge.

Mangels Untersuchungen kann ich nur meine Überzeugung betonen, dass Mantrailing eine Art von Aktivität ist, die die Selbstständigkeit der Hunde fördert. Selbstständigkeit ist nicht zu verwechseln mit der Art von „Unabhängigkeit", wenn der Hund plötzlich losrennt und verschwindet oder wenn er einen Hasen durch die Gegend hetzt. Unter Selbstständigkeit verstehe ich die Fähigkeit, in einer vorgegebenen Problemsituation ohne jede soziale Hilfe auf eine eigene Entscheidung zu kommen. Weil die Hunde sich nun einmal sehr gern auf den Mensch verlassen, sollten die Besitzer grundsätzlich immer gut abwägen, wie, wobei und in welchem Maße sie dem Hund helfen können und müssen, wenn er nicht weiter weiß. Ist die Hilfe immer zu schnell bei der Hand, wird der Hund sich auch nicht anstrengen und die Selbstständigkeit, die Hand in Hand mit dem Erkundungsdrang eine wesentliche Eigenschaft des Hundes darstellt, geht verloren, weil der Mensch es zu gut mit ihm gemeint hat.

Die Wissenschaft erforscht manchmal triviale Probleme. Wir sind beispielsweise zu der Einsicht gekommen, dass sich Hunde und Kinder sehr ähnlich verhalten, wenn es um die Beziehung zum Besitzer bzw. zu den Eltern geht. Im Fall von Kindern spricht man von einer Bindung, dass heißt, die zwei Partner suchen gegenseitig die Nähe des anderen, und das Kind betrachtet die Eltern als sicheren Schutz und als Quelle von Information. Das Verhalten der Hunde spiegelt diese Beobachtungen wider. Hunde halten sich gern in der Nähe ihres Besitzers auf und benutzen den Besitzer auch oft als Schutzschild. Natürlich ist das Kind wie auch der Hund in der Lage, die Umwelt auf eigene Gefahr zu erkunden. Doch wenn es gefährlich werden sollte, können sie sich auf ihre Bezugsperson (Eltern bzw. Besitzer) stützen.

Diese Verhaltensanalogien zwischen Kind und Hund führten zu der Behauptung, dass Hunde ebenso wie Kinder eine Bindung zu ihrer Bezugsperson haben. Das hat nichts damit zu tun, wie jemand diese Bindung oder Beziehung fühlt. Es handelt sich um eine rein praktische Sache, die eng mit dem angeborenen Verhalten unserer Hunde zu tun hat. Jede Arbeit mit dem Hund, die in räumlicher Distanz zum Menschen stattfindet, beruht auf der Basis der Bindung zum Menschen. Bei Wölfen gibt es nichts Vergleichbares. Unter Umständen kann man einen sehr gut sozialisierten Wolf aus kürzerer Entfernung abrufen, aber wenn der Wolf sehr weit weg ist, geht er seiner eigenen Wege und wartet höchstens, bis man selbst zu ihm kommt. Also ist die Mensch-Hund-Bindung wichtig für die Zusammenarbeit mit dem Hund, und dazu kommt noch, dass eine gute Zusammenarbeit die Bindung auch noch fördern wird, weil sie das gegenseitige Vertrauen stärkt.

Ich bin mir sicher, dass die Leser dieses Buches von ihrer Lektüre profitieren werden. Robert schreibt ja nicht nur über Mantrailing, sondern thematisiert auch andere wichtige Gedanken, die mit der Hundewelt im Zusammenhang stehen. Wunder sollte sich niemand erwarten, aber wenn Sie den Anweisungen im Buch mit Verstand und Gefühl folgen, werden Sie sicher erleben, dass das Leben mit Ihrem Hund eine neue Bedeutung bekommt.

Ádám Miklósi
Budapest, 7. Dezember 2012

Einführung

Ein weiteres Buch über Mantrailing? Ja und nein. Es geht hier nämlich um eine weitaus differenziertere Art des Trailens.

Das Ausbildungskonzept für Mantrailer, das von Gabriella Trautmann Zenoni entwickelt wurde und heute bei Mantrailing Europe angewendet wird, sieht den Aufgabenbereich des Mantrailing-Teams nicht ausschließlich darin, den Hund am Beginn einer Spur anzusetzen und dann den Trail zu laufen, um schließlich bei einer vermissten Person anzukommen. Ihr Konzept geht auf ihre langjährige aktive Mitarbeit in der Schweizer Bergwacht zurück, auf Erfahrungen, die sie in ihren Einsätzen mit der Bergwacht und mit Rettungsmannschaften der Protezione Civile Italiana oder des Tessiner Zivilschutzes unter unterschiedlichsten Bedingungen gesammelt hat – begonnen in hochalpinen Bergregionen, die teils nur mit dem Hubschrauber zugänglich sind, bis hinunter in Dörfer, Städte, Metropolen, von der Suche nach einzelnen Vermissten im Gebirge bis zu den Opfern in den Trümmern der Erdbebengebiete.

Gabriella Trautmann Zenoni war Zeit ihres Lebens von Hunden umgeben. Manchmal waren es zwölf, heute sind es zwei. Sie lebt mit ihnen, sie kennt ihre Interaktionen, ihre Sprache und seit vierzig Jahren hat sie sich der Ausbildung von Hunden in der Rettungshundearbeit verschrieben. Die tatsächlichen Anfor-

Gabrielle Trautmann Zenoni mit Jura Laufhund Dustin.

derungen in Realeinsätzen führten sie 1995 zum Mantrailing, dem sie sich seit dieser Zeit ausschließlich widmet.

Diese an der Realität orientierte Arbeit mit dem Hund sieht meist anders aus als das „klassische" Mantrailing und ist wesentlich anspruchsvoller. Sie fordert den Menschen im Team mindestens genauso wie den Hund, vielleicht sogar noch mehr. In der Tat bekommt der Hund im Realeinsatz die gesuchte Person höchst selten zu Gesicht. Häufig werden Trailer angefordert, um den Rettungsmannschaften die Richtung anzuzeigen, in die sie ihre Suche beginnen müssen, oder um ein Gebiet einzugrenzen, in dem Flächen- oder Trümmersuchhunde zum Einsatz kommen. Unsere Methode hat daher nicht zum Ziel, dem Hund sein „Erfolgserlebnis" mittels des Findens einer gesuchten Person zukommen zu lassen. Das würde ihn im Realeinsatz schnell frustrieren. Unzählige erfolgreiche Einsätze mit hoch motivierten Hunden geben ihr Recht. Neben ihrer Tätigkeit als Leiterin von Mantrailing Europe, wo sie die Seminarteilnehmer als professionelle, kreative und humorvolle Instruktorin, die immer mit dem Herzen dabei ist, schätzen, bildet sie auch die Mantrailer des Tessiner Zivilschutzes PC3Valli aus und kooperiert mit Rettungsorganisationen im In- und Ausland.

Ich bekam meinen ersten eigenen Hund mit zwölf Jahren und lebe seither in ständiger, glücklicher Lebensgemeinschaft mit ein oder zwei Fellnasen. Mein Hauptberuf, Informatiker, hat in zunehmendem Maße an Wichtigkeit verloren, die Beschäftigung mit den Hunden und ihrem Verhalten dagegen nimmt im gleichen Maße zu.

Ein von mir im Jahre 2009 unter der Creative Commons lizensiertes freies Skript über Mantrailing war der Grund dafür, dass sich Gabriellas und meine Wege kreuzten. Eine wesentliche Frage hat mich bereits damals beschäftigt: das Warum und Wieso. Viele der gängigen Erklärungen, warum Hunde in der Lage sind, mit ihrer Nase derart unglaubliche Leistungen zu vollbringen, erschienen mir entweder nicht nachvollziehbar, zu kurz gedacht oder schlichtweg esoterisch. Also beschäftigte ich mich immer weiter mit Gerüchen und wie sie entstehen und sich unter verschiedenen Umweltbedingungen verändern. Parallel dazu suchte ich in der Verhaltensforschung, die auch das natürliche Suchverhalten von Hunden untersucht, nach Erklärungen für das spezielle Suchverhalten der Hunde am Trail, die uns ermöglichen könnten, die Hunde besser zu „lesen", was nichts anderes heißt, als ihre – individuell leicht voneinander abweichenden – Verhaltensmuster zu verstehen.

Unser gemeinsamer Nenner war schnell gefunden, nämlich worauf es bei der Ausbildung von Hunden im Wesentlichen ankommt: sie beobachten, von ihnen lernen. Wer mit Hunden arbeiten will, findet keine besseren Lehrmeister als die Hunde selbst.

Wenn man sich allerdings die kynologische Szene so ansieht, stellt man fest, dass sich leider viele Bücher, aber auch angebotene Seminare mit dem „Problem" Hund beschäftigen und nicht mit dem lebenden, intelligenten Wesen, das er ist. Der Respekt vor dem Lebewesen Hund, in Kombination mit Gabriellas unglaublicher Erfahrung in der Praxis des Mantrailens und einem wissenschaftlich fundierten theoretischen Hintergrund, führte letztendlich dazu, einen strukturierten Ausbildungsplan zu erstellen, den wir in unseren Seminaren anbieten und der auf den folgenden Seiten dieses Buches zusammengefasst wird.

Mittlerweile haben Gabriella Trautmann und ich in unseren Seminaren in Deutschland, Österreich und der Schweiz eine große Anzahl von Mensch-Hunde-teams erfolgreich zu Mantrailern ausgebildet, von denen viele für Einsatzorganisationen tätig sind, andere der Polizei angehören und wiederum andere das Trailen einfach als sinnvolle Beschäftigung mit ihrem Hund erlernen möchten. Die Ausbildungsmethode bleibt für alle dieselbe, ob Profis oder Hobbytrailer. Vor allem unsere Seminarteilnehmer haben uns dazu ermutigt, unsere Ausbildungsphilosophie, die in vielerlei Hinsicht im krassen Gegensatz zu anderen Methoden steht, in Buchform zu bringen. Da Gabriellas Muttersprache Italienisch ist, ist mir die Aufgabe zugefallen, unser Know-how samt den Erfahrungen aus unseren Seminaren schriftlich festzuhalten. In den vielen produktiven Diskussionen, die wir bei der Entstehung des Buches geführt haben, ist außerdem klar geworden, dass

Robert Boulanger mit seinem „Wolf" Brisco.

vieles in der Ausbildung von Mantrailer-Teams, was für Gabriella seit Jahrzehnten selbstverständlich ist, heute nicht nur ungeheuer modern erscheint, sondern auch erst kürzlich vonseiten der Verhaltensforschung nachgewiesen wurde. Das Suchverhalten des Hundes ist nach wie vor ein brandaktuelles Thema für die Wissenschaft und noch längst nicht ausreichend erklärt.

Wir begannen also, uns mit den häufigsten Problemen beim Mantrailen zu beschäftigen, so auch mit den oft gestellten kritischen Fragen, warum so viele Mantrailer zwar verschiedene Ausbildungen durchlaufen, aber nur ausnahmsweise finden, und warum Mantrailer Rettungsaktionen durch falsche Richtungsangaben manchmal eher behindern als unterstützen und damit ein schlechtes Licht auf die gesamte Disziplin Mantrailing werfen.

Ein Grund dafür ist sicher darin zu suchen, dass die Ausbildung in Europa völlig veraltete, für unsere Zeit und unsere Landschaft ungeeignete Paradigmen mit sich herumschleppt. In den U.S.A., auf die sich in der Mantrailing-Szene so gern berufen wird (und im Übrigen auch in der jüngsten deutschen Vergangenheit, woran man sich allerdings ungern zu erinnern scheint), wurden seinerzeit gezielt ausgebildete Hunde dazu verwendet, um Personen zu hetzen und zu jagen, anstatt sie zu suchen und zu finden. Die Einsatzszenarien haben sich seit den Zeiten der Sklaverei und der Gefangenenlager drastisch geändert. Daher müssen sich auch die Ausbildungsmethoden ändern, an unsere Zeit und Bedürfnisse angepasst werden und auf das Wissen aufbauen, das uns heute aus der Verhaltensforschung, Lerntheorie und anderen Forschungsgebieten zur Verfügung steht.

Die Suche nach einer menschlichen Spur ist dem Hund nicht angeboren, schon gar nicht in städtischer Umgebung. Diese Suche ist in erster Linie etwas, was der Mensch will. Der Hund ist, um es einmal hart zu formulieren, ein „Werkzeug", um diese Aufgabe zu bewerkstelligen. Ein Werkzeug von vielen in einem virtuellen Werkzeugkoffer, dessen sich der Mensch für bestimmte Zwecke bedient. Nun reicht es aber nicht aus, das Werkzeug einfach nur zu besitzen und gegebenenfalls zu wissen, wofür es zu verwenden ist und wo sich der Knopf zum Anschalten befindet.

Ein Sprichwort sagt „A fool with a tool is still a fool" – das Werkzeug allein macht noch keinen Handwerker. Vielmehr muss erst einmal erlernt werden, wie das Werkzeug zu bedienen ist. In unserem Fall haben wir es dazu noch mit einem intelligenten Wesen zu tun, dem Hund, und auch er muss zuerst lernen, was von ihm erwartet und verlangt wird. Diese Art der Arbeit hat ihre klaren Vorteile, da die Effizienz und Zuverlässigkeit des Teams dadurch erheblich gesteigert werden können.

Die Schritte in unserem Ausbildungskonzept sind aufeinander abgestimmt und wir schlagen immer wieder Übungen vor, mit denen man den jeweils letzten Ausbildungsschritt überprüfen kann. Bevor die eine Sache nicht sitzt, hat es keinen Sinn, mit der nächsten anzufangen, die auf der vorherigen aufbaut. Wenn das Fundament noch wackelig ist, konzentriert man sich darauf, dieses zunächst zu festigen. Stellt man dagegen gleich das erste Stockwerk auf brüchige Mauern, braucht man sich auch nicht zu wundern, wenn das fertige Haus irgendwann zusammenkracht.

Mit diesem Buch möchten wir den Lesern diese Ausbildung vermitteln, vorweg aber auf eines hinweisen: Das Lesen des Buches allein macht noch kein gutes Trailer-Team aus, auch nicht das intensive Studium der Bilder und Grafiken, mit denen wir verschiedenste Situationen veranschaulichen wollen, auch nicht die Hunderasse oder der Hund und auch nicht nur der Lernwille des Menschen. Mantrailing erfordert das Zusammenwirken vieler Komponenten: Hund und Mensch, Motivation und Ausdauer, Fachwissen und gezielte Instruktion, die Mensch und Hund als Einheit sieht.

Gerade für diese Arbeit ist der Weg das Ziel und das Ziel ist weit, weit entfernt. Hat man sich aber einmal für einen bestimmten Weg entschieden, so sollte man diesem auch bis an sein Ende folgen oder die Reise abbrechen, falls einem der Weg zu mühsam erscheint. Dies ist kein Buch, aus welchem man sich die Rosinen herauspicken kann, um schneller zum Erfolg zu kommen. Das wird nicht funktionieren. Wer lernt, macht nun einmal Fehler und lernt wiederum aus Fehlern.

Wir werden uns im Folgenden daher nicht nur mit den einzelnen Ausbildungsschritten beschäftigen, sondern auch mit den Problemen, die dabei häufig auftreten, und praktikable Lösungen dafür entwickeln. Diese Lösungen basieren neben in Realeinsätzen und Seminaren gesammelten Erfahrungswerten auf theoretischen Grundlagen aus den Bereichen Biologie, Humanmedizin und Physik.

Dem Leser wird bei der Lektüre dieses Buches vor allem eines auffallen: Gut die Hälfte konzentriert sich auf jene Dinge, die schief gehen können und wie man diese am besten verhindert bzw. umschifft. Warum wir diese Vorgangsweise gewählt haben? Ganz einfach, wir haben immer wieder festgestellt, dass viele Leute Seminare bei unterschiedlichsten Anbietern besucht und Unmengen an Büchern gelesen haben, um Rezepte und Bedienungsanleitungen zu finden, die sie möglichst schnell und ökonomisch ans Ziel bringen. Die meisten jedoch vergessen dabei das Wichtigste: Sie arbeiten hier mit einem Hund, also einem intelligenten Lebewesen, einem Individuum, für welches nicht einfach mal schnell nach einer Gebrauchsanweisung im Internet recherchiert werden kann. Hinter diesem Buch, dem Wissen und den zweifellos wichtigen Techniken, die hier vermittelt werden, steht eine bewährte Philosophie, anhand der Hund und Handler möglichst effizient, stressfrei und strukturiert das Trailen auf der Basis ihrer Beziehung zueinander erlernen können.

Die andere Hälfte davon basiert daher im Wesentlichen auf dem richtigen Umgang mit dem vierbeinigen Partner und genau darauf sind die meisten Probleme in der Praxis zurückzuführen. Das Fundament für eine erfolgreiche Ausbildung – in welcher Disziplin auch immer – ist die Kontrolle über den Hund. Damit meinen wir nicht Unterordnung, endlose Gehorsamsübungen oder Kadavergehorsam, sondern in erster Linie zu wissen, was in dem Hund vorgeht und welche Aktion er als nächste setzen wird; zu wissen, was er wie interpretiert und wie man gewisse Dinge, die der Arbeit nicht zuträglich sind, unterbindet. Das Buch soll einerseits, auf das Trailen bezogen, dem Leser als begleitende Lektüre und Nachschlagewerk dienen und andererseits das grundlegende Verständnis für das Verhalten des Teamkollegen Hund am Trail fördern, das vom Mensch-Hund-Alltag nicht zu trennen ist.

Zum Aufbau dieses Buches

Wir haben bewusst davon Abstand genommen, die verschiedenen Schwerpunkte, die dieses Buch behandelt, zusammen in jeweiligen Kapiteln zu gruppieren. Es ist nun einmal nicht jedermanns Sache, sich über Seiten hinweg durch wissenschaftliche Hintergründe und biochemische Voraussetzungen zu lesen, welche für uns die Grundlage dafür darstellen, was unsere Hunde suchen und was ihre Grenzen definiert.

Häufig wird auch die Meinung vertreten, dass diese Art von Wissen für den Handler absolut nicht von Belang wäre – dem können wir jedoch nicht zustimmen. Wir wollen damit keineswegs dem Handler für jegliche Problematik am Trail analytisches sowie biologisch, chemisch und physikalisch richtiges Denken beibringen. Dafür bleibt in der Praxis ohnehin selten die Zeit. Es geht vielmehr darum, Orientierung für häufige, auf den ersten Blick unerklärliche Situationen und Abläufe zu bieten. Dabei handelt es sich um Umstände, die in unserer Umwelt wie auch im natürlichen Verhalten des Hundes verankert sind und die dem Handler in der Praxis zum richtigen Zeitpunkt in den Sinn kommen sollen. Damit wollen wir bewirken, dass man das eine oder andere Verhalten des Hundes auf der Suche kritisch zu hinterfragen beginnt bzw. den Hund sowohl als Lebewesen in seiner Gesamtheit als auch in seiner Arbeit am Trail besser versteht. Wir wollen deutlich machen, warum er die eine oder andere Situation auf seine Weise löst, um ihn nicht unnötig zu korrigieren und ihm damit vielleicht Unrecht zu tun.

Somit ist dieses Buch in etwa so aufgebaut, wie es unserem tatsächlichen Ausbildungsplan entspricht: zu einem gewissen Zeitpunkt nur so viel Wissen zu vermitteln, wie in diesem Stadium notwendig ist, und sich mit Problemen dann auseinanderzusetzen, wenn sie erstmalig auftreten. Wissen, Technik und praktische Übungen werden schrittweise erweitert und ausgebaut und genauso auch schrittweise miteinander kombiniert.

Wenngleich der eine oder andere Leser dieses Buch nicht nur als Nachschlagewerk verwenden, sondern in einem Schwung durchlesen wird, will ich doch allen ans Herz legen, sich bei der Ausbildung des Hundes an diese vorgegebenen Schritte zu halten.

Danksagung

Unter den getreuen Fürsprechern des Projekts fanden sich dann auch die hilfreichen Geister, die dieses Buch erst möglich gemacht haben. Hier wäre Elisabeth Schicketanz zu nennen, die als Lektorin in endloser Geduld an meinen Texten herumzupfte, bis diese in eine gesellschaftsfähige Form gebracht waren. Weiterer Dank geht an Danilo Wyder (Tessiner Zivilschutz PC3Valli), Michael Gotthard und Dr. Barbara Kaspar und allen weiteren Fotografen, die uns ihre Fotos zur Verfügung gestellt haben, Peter Ortner für die Gestaltung der Grafiken sowie den Mitgliedern des Tessiner Zivilschutz und allen Seminarteilnehmern, die spontan damit einverstanden waren, für dieses Buch „in action" fotografiert zu werden.

Zu den Leidtragenden gehören bei solchen Unternehmungen erfahrungsgemäß die eigenen Familien, denen – inklusive unserer Hunde – für dieses Projekt natürlich viel Zeit gestohlen wurde und bei denen wir uns hier für ihr Verständnis bedanken möchten.

Unser Dank gilt natürlich auch Dr. Ádám Miklósi, auf dessen Arbeiten wir uns im Folgenden immer wieder berufen werden, und der sich spontan bereit erklärt hat, ein Geleitwort zu verfassen. Besonders herzlichen Dank an Dr. Zsofia Viranyi vom Wolf Science Center Ernstbrunn/Österreich, die mir bereitwillig meine Fragen zu den wesentlichen Unterschieden im kognitiven und Sozialverhalten von Hunden und Wölfen beantwortete.

A fool with a tool is still a fool

Viele Menschen betrachten den Hund aufgrund seines unglaublichen Geruchs-sinns als eine Art Wunderwesen und schreiben ihm fantastische Fähigkeiten zu. Was seine Nasenleistung betrifft, so stimmt das auch. Allerdings ist ein Hund nicht Einstein. Er kann zwar seine Nase hervorragend einsetzen, doch von vielen anderen Dingen, die ebenso notwendig sind, um die individuelle Geruchsspur ei-nes Menschen durch den Dschungel der modernen Zeit zu verfolgen, hat er keine Ahnung. Gewisse Gegebenheiten aus der Physik, der Thermik sowie biologische und medizinische Kenntnisse, welche den menschlichen Geruch, seine Entste-hung und Entwicklung beschreiben, sind ihm naturgemäß fremd. Wir Menschen jedoch können und müssen uns dieses Wissen aneignen, andernfalls werden wir niemals verstehen, wann der Hund am Trail unsere Hilfe benötigt und wie diese aussehen soll. Entgegen der vielfach vertretenen Meinung, der Hund könne das von ihm Verlangte ohnehin von Haus aus, man müsse ja nur lernen, „ihn zu lesen", gehen wir davon aus, dass man das nicht so einfach annehmen kann.

Jeder Hundebesitzer, der einen halbwegs jagdlich ambitionierten Hund sein Eigen nennt, kann ein Lied von der angeborenen Nasenleistung des Hundes sin-gen. Allerdings ist diese Begabung per se dazu gedacht, die frische Spur eines potenziellen Beutetiers in freier Wildbahn über Waldböden und Wiesen zu ver-folgen und nicht die Tage alte Spur eines Menschen in einer nach Abgasen stin-

Von Natur aus verfolgt die Hundenase ihre eigenen Interessen.

Wie kann ein Hund hier eine drei Tage alte Spur auffinden?

kenden, verkehrsüberlasteten und menschenverseuchten Stadt auf heißem Asphalt, der mit Reifengummiabrieb, asbesthaltigem Bremsstaub, allerlei Unrat und Exkrementen von Artgenossen gewürzt ist. Auch donnern im Wald und auf der Wiese selten Hunderte von Autos und tonnenschwere LKW über die Hasenspur.

Mit dem „Werkzeug" richtig umgehen

Der Hund verfügt zwar über ein hochentwickeltes Geruchsorgan, mit dem er in der Lage ist, diese Arbeit grundsätzlich zu verrichten. Doch ebenso wie der Hund ein Werkzeug für den Menschen darstellt, ist die Nase wiederum ein Werkzeug für den Hund und den Umgang mit diesem Werkzeug in einer ihm eigentlich feindlichen Umgebung muss auch er zuerst einmal lernen, sofern seine Leistung in dieser Disziplin ein unteres Mittelmaß überschreiten soll.

Hier sei der Einwand gewährt, dass bei Weitem nicht jeder, der sich „artgerecht" mit dem Hund beschäftigen will, auch anstrebt, zum Profi zu werden, sondern eben nur nach einer Beschäftigung mit dem Hund sucht und glücklich damit sein kann, hinter seinem Vierbeiner an der Suchleine durch die Gegend zu laufen, im Vertrauen darauf, der Hund wüsste schon, was er tut. Wenn Hund und Mensch Spaß daran haben, umso besser. Nur sollte man Abstand davon nehmen, diese Beschäftigung mit „Mantrailing" zu betiteln. Würde man diese und

EXKURS: DIE POLITIK DER KLEINEN SCHRITTE

Dass uns Seminarteilnehmer immer wieder zu verstehen geben, wie ungewöhnlich sie den strukturierten Aufbau unserer Ausbildungsmethode zum Mantrailer finden, ist für uns eigentlich sehr befremdlich. Dem Hund wurde es immerhin nicht in die Wiege gelegt, fremde Menschen in urbanen und suburbanen Regionen zu suchen. Warum wir unser Ausbildungskonzept in so kleine, aufeinander aufbauende Schritte unterteilen, leuchtet unseren Gesprächspartnern jedoch sofort ein, wenn wir Mantrailing mit anderen Hundesportarten vergleichen.

Möchte ich mit meinem Hund Agility trainieren, so erwartet niemand, dass der Hund auf Anhieb sämtliche Übungen mit den Geräten am Agility-Parcours beherrscht. Hier sieht man es als völlig logisch an, dass der Hund erst Schritt für Schritt und Gerät für Gerät an seine künftige Aufgabe herangeführt werden muss. Zuerst lernt er zum Beispiel über die Hürde zu springen, ohne dabei die Stange zu berühren. Erst dann wird man mit ihm an einem zweiten Gerät, zum Beispiel einem Tunnel, trainieren. Hat er auch hier begriffen, was man von ihm will, kann man dazu übergehen, beide Geräte zu einem Parcours zu kombinieren. Daneben beginnt man mit ihm ein neues Hindernis zu üben, das man, sobald er auch dieses für sich verstanden hat, in den Parcours integrieren kann.

Ähnlich verhält es sich auch bei anderen Disziplinen im Hundesport bzw. in der Hundeausbildung, egal ob es sich nun um Obedience, Schutzhundeausbildung oder was auch immer handelt. Nur beim Trailen denken seltsamerweise immer alle, der Hund wäre von Natur aus in der Lage, sämtliche Schwierigkeiten aus dem Stegreif allein zu lösen, und man müsse als Handler nur lernen, ihn zu lesen.

Das ist, wenn man darüber nachdenkt, kompletter Nonsens. Beim Trailen gestaltet sich die Ausbildung nicht anders als bei den oben genannten Disziplinen. Auch Trailen ist nichts anderes als einfach nur Hundearbeit.

Ein unerfahrener Hund wird auf einem großen Parkplatz genauso verloren dastehen wie ein Anfänger vor der Wippe am Agility-Platz. An diese „Hindernisse" müssen wir ihn zuerst einmal heranführen, an jedes für sich, und ihm beibringen, was wir hier von ihm im Speziellen erwarten. Können wir diese Situationen einzeln lösen, beginnen wir diese in unseren „Parcours", den Trail, einzubauen.

Kein Zweifel, in welche Richtung es weitergeht.

ähnliche Sportarten einfach als „mobile Nasenspiele mit dem Hund" bezeichnen, könnte das denjenigen, die sich ernsthaft und professionell mit der Materie auseinandersetzen, nur zum Segen gereichen.

Wir gehen also davon aus, dass nicht nur der Mensch lernen muss, wie er mit dem Werkzeug Hund bei der Personensuche umzugehen hat, sondern dass auch der Hund mit der Verwendung seines Werkzeugs Nase unter den für ihn unnatürlichen Bedingungen der heutigen Welt erst vertraut gemacht werden muss. Daher sehen wir es als absolute Notwendigkeit an, dass der Handler, um seinen Hund verstehen, unterstützen und korrigieren zu lernen, im Training immer genau darüber Bescheid weiß, wie der Trail verläuft.

Das bedeutet nun für das Team:

■ **Der Hund muss lernen, wie er sich in welcher Situation zu verhalten hat.**
Eine solche Situation könnte zum Beispiel der Startpunkt sein, also dort, wo die Suche beginnt. Viele Hunde stürmen einfach in die Richtung los, in welche sie während der Geruchsabgabe gerade zufällig schauen, und der Hundeführer läuft munter hinterher. Warum sie das so machen? Ganz einfach, es wurde ihnen nie anders beigebracht. Alle bisherigen Trails verliefen immer nach dem Schema, dass der Hund schon in der richtigen Richtung direkt auf der Spur sitzt. Kaum

wurde das Geruchsbeispiel abgegeben, setzte er sich in Bewegung und sein Hundeführer konnte gerade noch mit ihm Schritt halten. Dieses Verhalten wurde – wohl versehentlich – ankonditioniert.

Bei einer realen Suche bzw. bei einer Überprüfung verhält sich der Hund dann genauso wie die ganze Zeit vorher. Nachdem es aber in der Praxis ein äußerst seltener Zufall wäre, dass der Hund genau auf der Spur zu sitzen kommt und auch noch in die richtige Richtung schaut – schließlich weiß in Wirklichkeit ja niemand, wo auf den Meter genau die gesuchte Person in welche Richtung gelaufen ist – hat dies zur Folge, dass er sich wie gewohnt in seine momentane Blickrichtung nach vorne losbewegt. Der Hundeführer interpretiert irrtümlich, der Hund suche bereits, und folgt dem Hund mit forschem Schritt. Dies interpretiert der Hund wiederum so, dass sein Mensch seine eigene Vorwärtsbewegung bestätigt und legt sich weiter ins Zeug.

Ja, er bewegt sich, aber er sucht nicht, er wird lediglich von seinem Handler darin bestärkt, das nachhaltig ankonditionierte Verhalten zu zeigen. Nach einigen Metern, weitab von jeglicher Spur, kommt das Team an eine Kreuzung, der Mensch stapft immer noch fröhlich hinter seinem Hund her und schiebt ihn damit weiter in jene Richtung, in die der Hund gerade seine Nase ausrichtet. Der Hund hat mittlerweile längst auf Flanieren umgeschaltet, der Mensch läuft weiter hinter ihm her, irgendwann ist das Team erschöpft, bricht ab und wieder mal hat ein Trailer nichts und niemanden gefunden.

Hätte der Hund dagegen zuerst gelernt, was von ihm am Start tatsächlich erwartet wird, nämlich die Spur zu suchen und erst, wenn er sie hat, seinem Menschen mit deutlicher Körperspannung anzuzeigen, dass es nun losgeht, wäre der Start schon mal wesentlich besser verlaufen. Hätte er ferner gelernt, wie er eine Kreuzung auszuarbeiten hat und wie er seinem Menschen anzeigen soll, wo es nicht und wo es schon weitergeht, wären sie auch über diese Hürde erfolgreich hinweggekommen.

- **Hat er gelernt und verstanden, was wir von ihm erwarten, können wir uns darauf konzentrieren, ihn zu „lesen".**

Wenn der Hund beispielsweise durch zielgerichtete Körperspannung anzeigt, dass er die Spur aufgenommen hat und der Handler dieses Zeichen erkennt, so „liest" er ihn und folgt dem Hinweis des Hundes.

Wird der Hund langsamer, ändert seine Gangart, hebt den Kopf und sieht sich um, streckt die Nase in Luft und beginnt zu schnuppern, bedeutet das meist, er hat die Spur verloren. Erkennt der Handler dies, kann er ihn lesen.

Gibt der Hund zum Beispiel durch eine 180-Grad-Drehung an einer Kreuzung zu verstehen, dass in der aktuellen Richtung nichts zu holen ist, und der Handler erkennt dieses Signal, kann er ihn lesen. Zeigt der Hund dagegen in eine andere

Richtung plötzlich deutliche Körperspannung, taucht dabei mit dem Kopf etwas ab und zieht dabei vehement an der Leine, krallt sich dabei vielleicht auch noch in den Boden, ist dies meist ein Zeichen dafür, dass er wieder auf der Spur ist. Wenn der Handler nun dem Hund folgt, dann hat er seine Signale richtig verstanden – er kann ihn lesen.

- **Können wir den Hund schließlich lesen, werden wir in der Lage sein, mit ihm die Spur der Person zu verfolgen, die wir suchen.**
Interpretiert der Hundeführer auf der gesamten Strecke, an jeder möglichen Abzweigung, bei jeder Schwierigkeit seinen Hund richtig, liest ihn also korrekt, und der Hund hält die gesamte Strecke konditionell durch, sowohl physisch als auch psychisch, dann ist die Wahrscheinlichkeit sehr hoch, dass das Team sein Ziel erreichen wird.

Um diese Kondition aufzubauen und zu erhalten, ist jedoch nicht nur Training erforderlich, sondern auch gezielte Unterstützung durch den Handler selbst. Indem der Mensch seinen Verstand einsetzt und dem Hund damit seine Aufgabe erleichtert, schont er dessen Energiereserven und vermittelt dem Hund zudem, dass diese Arbeit reines Teamwork ist und Probleme gemeinsam gelöst werden können.

Teambuilding beginnt nicht erst am Trail.

Was dem einen stinkt, ist für den anderen ein Picasso

Zuerst einmal muss man festhalten, dass der Primat Mensch selbst gar nicht so übel riecht, wie uns das manche unserer Zeitgenossen täglich in U-Bahnen, Büros oder Sportkabinen glauben machen wollen. Von unserem verdauungsbedingten Stoffwechsel mal abgesehen scheiden wir in erster Linie Unmengen an Schweiß aus und dieser ist an sich zunächst ziemlich geruchlos, zumindest für uns Angehörige der Art *Homo sapiens*.

Jeder, der schon einmal ein kürzlich verschwitztes T-Shirt nach sportlicher Betätigung ausgezogen hat, wird bestätigen, dass die Dinger zu Beginn eigentlich noch relativ neutral oder sogar noch nach dem verwendeten Deodorant oder Duschgel riechen. Das gebrauchte T-Shirt wird in der Sporttasche verstaut und man gleicht seinen sportlich bedingten Flüssigkeitsverlust mit einem Bier in der nächsten Kneipe aus. Zu Hause überfällt einen selbst das nackte Grauen, sobald der Reißverschluss der Tasche geöffnet ist.

Der Grund für diese verspätete Geruchsentwicklung ist, dass in und auf unserer Haut unzählige Mikroorganismen leben, die unentwegt unsere abgestorbenen Hautzellen fressen – unseren Schweiß, abgesonderten Talg, Fette usw. Wer frisst, scheidet auch aus, und Ausscheidungen verdauungstechnischer Art riechen nicht nur, sie stinken, soweit die gängige Beschreibung dafür. Dass Schweiß zunächst geruchlos ist, kommt natürlich nur uns Menschen so vor. Der Hund mit seinem wesentlich besser ausgeprägten Geruchssinn vermag auch hier schon Gerüche festzustellen, lange bevor sie dem Menschen auffallen. Der wesentliche Geruchsanteil jedoch wird auch für den Hund von den Ausscheidungen der Mikroorganismen bestimmt.

Was der Hund riecht

Um zu verstehen, was der Hund hier eigentlich riecht, unternehmen wir einen kleinen Ausflug in die Dermatologie. Unsere Haut, die uns schützend umgibt und unser größtes Organ darstellt, ist neben zahlreichen Schmerz-, Kälte- und Wärmerezeptoren mit einer Unmenge von Talg- und Schweißdrüsen durchsetzt. Betrachten wir die Haut im Querschnitt, so stellen wir fest, dass diese im Wesentlichen aus drei Schichten besteht, der Epidermis, der Dermis sowie der Subcutis oder auch Oberhaut, Lederhaut und Unterhaut genannt. In erster Linie interessieren wir uns für die Epidermis, und bei dieser auch nur für die äußerste Schicht, die sogenannte Hornschicht (Stratum corneum). Diese Hornschicht stellt für uns

die äußerste Bastion unseres Vertei-
digungsrings nach außen dar. Sie besteht zum Großteil aus abgestorbenen
Zellen der unteren Schichten, welche
in regelmäßigen Abständen von unserem Körper abgestoßen werden. Wir
erneuern unsere äußerste Hautschicht
etwa alle 28 Tage komplett, indem die
Zellen unserer Epidermis quasi von innen nach außen wandern und hierbei
unterschiedliche Stadien durchleben
(Fritsch, 1998).

In jeder Schicht produzieren die
Zellen unterschiedliche Proteine, um
ihre jeweilige Funktion zu gewährleis-
ten, wie zum Beispiel Verhinderung
von Verdunstung bzw. das Verhindern
des Eindringens löslicher Externa. Sind
die Zellen auf ihrer Wanderschaft in

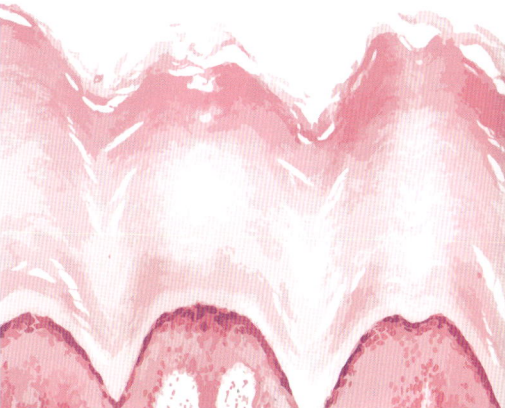

*Schematische Darstellung der unter-
schiedlichen Schichten der Epidermis:
Im oberen Bereich sind deutlich die
Lufteinlagerungen und die sich bereits
ablösenden Zellreste zu erkennen.*

der Hornhaut angekommen, degeneriert der Zellkern, die Zellen selbst flachen
durch die Einwirkung von Enzymen zu kornifizierten Zellhüllen ab (Meyes, 2006).

Die nunmehr toten Zellen dieser Hornschicht werden durch Fette zusammen-
gehalten und bilden mit ihren zwölf bis 200 Schichten eine Wasser abweisende
Schutzschicht. Die äußersten Zellschichten der Hornschicht bestehen aus säulen-
förmig angeordneten, hexagonalen, verzahnten Hornzellen die durch eine Kitt-
substanz (Lipidgemisch aus Odland-Körperchen) mit der tiefer liegenden Schicht
verbunden sind (Böcker et al., 2001). Sie weisen im Gegensatz zu den darunter-
liegenden Zellschichten nach außen hin immer mehr Lufteinlagerungen zwischen
den einzelnen Zellen auf, welche bewirken, dass diese Zellen sich voneinander
lösen und schließlich abfallen.

Diese mikroskopisch kleinen Zellen sind für das menschliche Auge erst ab
Verbänden von etwa 500 Stück sichtbar und sie sind es, für die wir uns eigentlich
interessieren. Im Fachjargon der Spurensucher heißen diese vom Körper losge-
lösten und abgestorbenen Zellen „Rafts".

Neben dem normalen Aufbau der Haut finden sich jedoch auch diverse pathologische Ablagerungen in unserer Dermis, zum einen Schleimablagerungen bei
Diabetikern und Personen mit Schilddrüsenunterfunktion, Amyloidablagerungen
zum Beispiel bei Heiserkeit, Fette und Cholesterinkristalle bei Fettstoffwechsel-

Riesige „Rafts": pathologisch veränderte, mehrere Millimeter große Hautschuppen. (Quelle: Wouter Hagens, zentrales Medienarchiv Wikimedia Commons)

störungen und Diabetes sowie Kalksalze, sogenannte Kalzinosen, bei Kalziumstoffwechselstörungen (Eder, Gedik et al., 1990).

Hier zeigt sich, wie sehr sich unsere Zivilisationskrankheiten, um nur einige davon zu nennen, auf die Zusammensetzung der Stoffe in unserer Haut auswirken und damit letztendlich auch unseren Individualgeruch definieren.

Kommen wir aber nun zurück zu den Rafts. „Raft" kommt aus dem Englischen und steht für „Floß". Verständlicher wird der Begriff, wenn man an das allseits beliebte Rafting denkt, bei welchem sich eine Gruppe von Unerschrockenen auf einem großen Floß wilde Gebirgsflüsse hinabtreiben lässt. Eine ähnlich Funktion wie das Floß beim Rafting haben auch die abgestorbenen Hautzellen der Epidermis: Diese Flöße verlassen unseren Körper auch nicht unbeladen, sondern sie sind das Transportmittel für eine Unzahl an chemischen Stoffen, Proteinen, Schweiß, Talg und Mikroorganismen, die sich an diesem reich gedeckten Tisch ernähren.

Man nimmt an, dass ein Mensch pro Minute mindestens 40.000 dieser Rafts verliert, großzügigere Schätzungen gehen sogar von bis zu einer Milliarde pro Tag aus, was ungefähr 700.000 pro Minute entsprechen würde. Der ordinäre Hausstaub, der in jedem Haushalt auf Möbeln und Regalen zu finden ist, setzt sich bis zu 80 Prozent aus diesen abgestoßenen Hautzellen zusammen.

Aus der Unzahl von Stoffen, welche hier mittransportiert werden und die sich bei jedem Menschen abhängig von Ernährung, Genetik, Krankheiten und Angewohnheiten wie Alkohol- und/oder Nikotinkonsum usw. individuell zusammensetzen, ergibt sich ein höchst persönlicher Geruchscocktail, der weitaus eindeutiger ist als zum Beispiel der Fingerabdruck, der bislang als das alleinige definitive Unterscheidungsmerkmal von Personen galt.

Lange bevor uns der Geruch eines Menschen bewusst wird, ist der Hund bereits in der Lage, diese Stoffe olfaktorisch zu erfassen und zu identifizieren. Was wir wahrnehmen, sind lediglich die Gerüche der Ausscheidungen der besagten Mikroorganismen. Der Hund jedoch hat die Fähigkeit, die Anwesenheit unterschiedlicher Steroide, Proteine und Pheromonen nahe stehender Substanzen zu erschnuppern. Allein dieser Cocktail reicht schon aus, um einen Menschen zu identifizieren. Gepaart mit den Ausscheidungsgerüchen der Mikroorganismen ergibt sich für den Hund ein sogenanntes „Geruchsbild".

Ähnlich wie sich alle Farben aus den drei Grundfarben Rot, Blau und Gelb zusammensetzen, bestehen alle Gerüche aus einer Mixtur von unterschiedlichen Grundgerüchen, die sich durch ihre molekulare Grundform unterscheiden. Im olfaktorischen System befinden sich Rezeptoren, an welche diese Moleküle nach dem Schlüssel-Schloss-Prinzip andocken können. Wir Menschen verfügen über ungefähr 350 unterschiedliche Geruchsrezeptoren, während der Hund etwa 1200 verschiedene Rezeptorentypen besitzt. Am Ende jedes Rezeptors befindet sich eine Art Andockform, die aus Proteinen gebildet wird. Diese Andockform passt ausschließlich für eine gewisse molekulare Grundform eines Geruchsmoleküls. Je mehr unterschiedliche Rezeptortypen eine Nase also besitzt, umso mehr unterschiedliche Gerüche kann sie letztendlich differenzieren.

Das erklärt die im Vergleich zum Menschen so überlegene Nasenleistung des Hundes jedoch nur zum Teil. Denn während der Mensch etwa 7.000 besitzt, also ungefähr 20 Rezeptoren pro Rezeptortyp, verfügt der Hund bis zu 300.000, also bis knapp 300 pro Rezeptortyp, je nach Rasse und Größe. Dieses Potenzial des Hundes zur Feindifferenzierung entzieht sich unserer Vorstellungskraft.

Nachdem die Geruchsmoleküle an die Rezeptoren andocken konnten, werden Enzyme aktiviert, welche die Konzentration des sogenannten Second Messenger erhöhen, der seinerseits dafür verantwortlich ist, Ionenkanäle zu öffnen, die letztendlich nach einigen weiteren Zellaktivitäten ein Signal über den Riechkolben an das limbische System übertragen, in welchem das Geruchsbild für den Hund Form annimmt. Man weiß zwar, wie dieser Ablauf biochemisch funktioniert, allerdings sind erst sechs der etwa 350 unterschiedlichen menschlichen Geruchszellen näher erforscht, beim Hund dürfte es also noch dementsprechend länger dauern.

Wir werden im Folgenden nur mehr vom „Geruchsbild" sprechen oder fachsprachlich vom „Scent". Dabei ist es kein Fehler, sich das Geruchsbild als Foto oder Gemälde vorzustellen. Während wir Menschen uns in einer audiovisuellen Welt orientieren, lebt der Hund in einer olfaktorischen Welt. Wir müssen daher abstrahieren, um uns die Geruchswelt des Hundes zumindest ansatzweise zu erschließen. Worüber wir die Nase rümpfen, darin „sieht" er vielleicht einen Picasso.

Was man alles zum Mantrailing braucht

Beginnen wir mit dem Wichtigsten: dem Hund selbst. Die Rasse ist unerheblich, solange der Hund nicht, wie durch Qualzuchten bedingt, bereits durch eine zurückgebildete Nasenpartie Probleme mit der Atmung hat oder infolge sonstiger Rassestandards oder auch Krankheiten in seiner Beweglichkeit eingeschränkt ist.

Als Durchschnittswert, um mit dem Hund eine Trailausbildung zu beginnen, empfiehlt sich das Alter von etwa einem Jahr, abhängig von Rasse und Charakter des einzelnen Hundes. Ist der eine Hund frühreif und kommt mit ernsthafter Arbeit und regelmäßigem Training bereits mit zehn Monaten schon gut zurecht, sind andere dafür ausgesprochene „Spätzünder" und zeigen selbst mit zwei Jahren noch nicht die nötige geistige Reife, um sich längere Zeit zu konzentrieren. Auf keinen Fall jedoch kann es schaden, bereits ab dem Welpenalter mit Nasen- und Suchspielen zu beginnen. Tatsächliches Aufbautraining und das Verfolgen eines festgelegten Ausbildungsplans sollte man jedoch erst ins Auge fassen, wenn der Hund körperlich ausgewachsen und auch psychisch gefestigt ist.

Schon Welpen sind für kleine Suchspiele zu begeistern.

Welcher Hund ist geeignet?

Idealerweise hat der Hund in der Vergangenheit keine Ausbildung im Hundesport jeglicher Couleur oder auch als Flächen- oder Trümmersuchhund genossen. Denn das Umlernen gestaltet sich gerade für die Spezialisten unter den Hunden, die sich bereits bestimmte Problemlösungsstrategien angeeignet haben, weit schwieriger. Natürlich ist es möglich, einen Obedience-Champion oder einen Lawinenhund zum Trailer umzuschulen; die Ausbildung bedeutet für Hund und Handler jedoch einen langwierigen Umlernprozess, bei dem der Hund seine bisherige Aufgabe komplett vergessen muss. Selbst Hunde, die bereits gezielt gelernt haben, ihre Nase einzusetzen, wie Fährten-, Drogen- oder Sprengstoffhunde, werden am Trail immer wieder mit Situationen konfrontiert werden, in denen ihnen ihre „Vorbildung" in die Quere kommt. Für den Handler bedeutet das eine Extraportion Verständnis und Geduld.

Der Flächensuchhund ist zum Beispiel darauf trainiert, Witterung über den Hochwind aufzunehmen und jede Person in einem Gebiet, das er durchstöbern soll, anzuzeigen. Ein Hund, der vorher Obedience oder eine verwandte Hundesportart betrieben hat, hat in der Regel gelernt, nichts ohne die Zustimmung seines Menschen zu unternehmen. Auf dem Trail ist es jedoch erwünscht, dass der Hund relativ selbständig arbeitet und Entscheidungen trifft. Sicher, er erfährt in kniffligen Situationen Unterstützung durch seinen Menschen, aber es erweist sich als ziemlich kontraproduktiv, wenn sich der Hund alle paar Meter nach seinem Handler umsieht und um Erlaubnis fragt, ob er nun weitergehen darf oder nicht. Ein Drogenspürhund muss in der U-Bahnstation einer Metropole Personen ignorieren, die Suchtmittel mit sich führen usw.

Oft liest oder hört man, dass nur eine einzige Hunderasse, der Bloodhound nämlich, wirklich dazu geeignet sei, zuverlässig Trails zu verfolgen. Andere könnten dies zwar auch, aber nur diese eine Rasse, auf deren Vorzüge und Nachteile hier nicht näher eingegangen werden soll, wäre für den professionellen Einsatz tatsächlich geeignet. Ausnahmen fänden sich vielleicht noch bei Jagdhunden, da sie eine höhere Ausdauer bei konstanter Nasenleistung vorweisen würden als andere Rassen.

Das alles ist, mit Verlaub, Unsinn. Richtig ist: Es gibt unterschiedliche Hunderassen, welchen durch gezielte Zuchtauslese unterschiedliche Arten der jagdmotivierten Suche in die Wiege gelegt sind. Ein Pointer zum Beispiel ist ein Vorstehhund, der Wild anzeigt, ein Windhund neigt mehr dazu, auf Sicht zu jagen, während andere Rassen vor allem auf die Verfolgungsjagd und das Hetzen spezialisiert sind. So wird beispielsweise vorgebracht, dass alle diese Rassen das Trailen zwar erlernen

Eine Mischlingshündin – noch dazu „tiefergelegt" – unbeirrbar auf der Spur.

EXKURS: EIN GUTES TEAM

Respekt, Vertrauen und Bescheidenheit als Fundament von Kooperation und Motivation

„Der Mensch als Rudelführer" ist ein Ausdruck, den ich überhaupt nicht mag. Ich bin schließlich ein Mensch und kein Hund.

Es ist eine Tatsache, dass der Mensch und der Hund ihrer Veranlagung nach gesellige Lebewesen sind und jeder in seiner Art im Laufe der Zeit ausgeprägte Fähigkeiten für das Leben in Gruppen entwickelt hat, einfach um zu überleben. Für unsere Hunde bedeutet das Erbe vom Wolf zuerst einmal die Fähigkeit zur Zusammenarbeit, die sie durch ihre Bereitschaft, eine Beziehung zu einem Lebewesen einzugehen, das kein Hund ist, auf den Menschen übertragen. Daher ist es genauso eine Tatsache, dass eine gute Hund-Mensch-Beziehung die Grundlage für eine gute Arbeit mit dem Hund ist.

Wer mehrere Hunde im Rudel hält, kann sich in Sachen Beziehung so allerhand abschauen. Da können wir zum Beispiel beobachten, dass die Geschichte mit der Alpha-Position und dem dominanten Rudelführer gar nicht so konsequent gehandhabt wird. Wenn der eine, den wir für den Chef halten, als erster am Zaun bellen darf, darf der andere ruhig einmal zuerst durch die Tür und der dritte darf ungestört am Sofa an seinem Kauknochen nagen. Wer was darf, haben sie

sich irgendwann mal ausgemacht – genauso, wer im Rudel welchen Job zu erledigen hat. Die Bereitschaft zur Arbeitsteilung gehört auch zu den Dingen, die unsere Hunde von den Wölfen geerbt haben.

Wölfe bleiben aber Wölfe. Sie lösen Probleme in Zusammenarbeit mit den Artgenossen, aber niemals mit dem Menschen. Um zum Beispiel ein großes Tier zu erlegen, brauchen sie einen Chef, der den Überblick hat, der die Jagd oder auch die Aufzucht der Welpen „organisiert". Das ist jetzt nicht unbedingt der größte oder der fetteste Wolf, auch nicht der, der am aggressivsten auftritt, sondern der, der den Durchblick hat und auf den man sich verlassen kann. Das geht so weit, dass die anderen Rudelmitglieder sogar durch Beobachtung von ihm lernen und damit ihre eigenen Fähigkeiten verbessern. All das haben unsere Hunde ebenfalls von den Wölfen geerbt und auf den Menschen übertragen.

Aber was machen wir daraus? „Komm zu Mami", „Lauf zu Papi". Klar doch, das rutscht jedem von uns mal raus. Schlimm wird es dann, wenn sich das Papi-Mami-Spiel verselbstständigt. Der Hund darf nicht mehr mit anderen Hunden spielen, weil er sich verletzen könnte; er darf nicht mehr frei laufen, weil er abhauen und sich verirren könnte; er darf nicht ins Freie, denn er könnte sich erkälten. Vor lauter

Bemutterung und Fürsorge darf der Hund nicht mehr Hund sein. Papi und Mami erdrücken ihn und seine Fähigkeiten mit ihrer Liebe. Und weil der Hund so anpassungsfähig ist, pfeift er auf Selbstständigkeit und fügt sich ein. Vielleicht wird er ein klein wenig neurotisch dabei, vielleicht verliert er auch seine Neugierde und interessiert sich für gar nichts mehr. Und Arbeitsteilung? Wieso? Papi und Mami werden das schon machen. Mit solchen Teams wird das Trailen schwierig. Wenn wir dem Hund nichts zutrauen, wird er auch nichts leisten. Weil jedes Ding zwei Seiten hat, gibt es auch das andere Extrem. Da hört man beispielsweise, dass ein Arbeitshund wie ein Arbeitshund behandelt werden muss. Der darf dann eben nur aus seinem Zwinger raus, wenn er arbeitet. Und dann hat er gefälligst zu funktionieren und ohne Wenn und Aber das zu tun, was man von ihm verlangt, und das, solange es uns beliebt. Und weil der Hund eben ein Hund ist, spielt er mit.
Ganz ähnlich ist es mit den ehrgeizigen Handlern. Da können die Trails nicht schnell genug noch weiter und noch schwieriger werden und nicht genug Trails in einer Woche gelaufen werden. Wenn der Hund am Trail seinen Job nicht fehlerlos erledigt – er hat ja eine Nase, also muss er suchen und finden können – grollt der Handler, auch wenn der Fehler vielleicht am Menschen lag. Dann braucht der Hund einfach noch mehr und härteres

Training. Was, der Hund soll müde sein? Von den paar Metern? Was der Hund da eigentlich leistet, wird schnell vergessen, und dass wir ohne den Hund am Trail gar nichts finden könnten, genauso. Die Fähigkeiten ihres Hundes und sein Arbeitswille werden für so manchen Handler so selbstverständlich, dass er sie nicht mehr schätzen kann.
Denken wir daran, dass selbst Wölfe im Lauf der Zeit gegen Chefs protestieren, die in ihren Augen willkürlich dominant auftreten. Mit einem Handler, der sich den Respekt des Hundes mit Druck und Furcht verschafft und seine Leistung nicht ehrlich würdigen kann, wird der Hund nicht gut zusammenarbeiten. Auch mit solchen Teams wird das Trailen schwierig.
Für einen Hund, der ein guter Mantrailer werden soll, bedeutet das: Lassen wir ihn einfach Hund sein. Geben wir ihm die Möglichkeit, seine Neugierde auszuleben, alle nur möglichen Alltagssituationen kennenzulernen, mit Artgenossen zusammenzutreffen und Probleme auf seine Art mit uns zusammen zu lösen. Für uns Menschen bedeutet das, dass wir dem Hund als Familienmitglied unseres menschlichen „Rudels" seinen Platz zuweisen und ihm seine Stellung und seine Aufgabe eindeutig klarmachen.
Ein Hund ist dafür geboren, echte Autorität anzuerkennen. Mit einem Menschen, der es versteht, dem Hund Sicherheit zu vermitteln und Grenzen

zu setzen, der mit ihm Spaß haben und zugleich seine unglaublichen Fähigkeiten respektieren kann und auch bereit ist, Fehler einmal bei sich selbst zu suchen, wird der Hund gern zusammenarbeiten. So kommt es dann auch, dass wir hoch veran- lagte Hunde aus „Leistungszuchten" manchmal weniger gut arbeiten sehen als den stammbaumlosen Hund von irgendwo. Weil zum guten Team nämlich immer zwei gehören.

Gabriella Trautmann Zenoni

könnten, niemals jedoch so perfekt wie jene favorisierten Rassen, welche bereits quasi genetisch darauf geprägt wurden.

Nun, das klingt nach einem schlüssigen Argument, nur berücsichtigt es eine wichtige Tatsache nicht: Der Urvater aller Hunde ist und bleibt der Wolf. Egal, was der Mensch mit seinen Bemühungen, alle nur denkbaren unterschiedlichen Hunderassen zu erschaffen, in den letzten paar tausend Jahren daraus gemacht hat – der Wolf ist und bleibt ein genialer Problemlöser und ist als sehr neugieriger Geselle bekannt.

Hier sollte man bedenken, dass es DIE Methode, die sich bei jedem x-beliebigen Hund anwenden ließe, nicht gibt. Denken wir zum Beispiel an das allseits verbreitete Anhetzen der Hunde, um die ersten Trailschritte zu meistern, so kann diese Strategie bei so manchem stoischen und schwerfälligen Vierbeiner ohne Weiteres zum Erfolg führen. Bei auffallend fröhlichen und aufgeweckten Charakteren wird man dagegen feststellen, dass diese Hunde zwar starten, allerdings sie oft derart „überdrehen", dass an ein vernünftiges Arbeiten nicht mehr zu denken ist.

Sich nun hinzustellen und zu behaupten, es läge an der Rasse, dass damit kein akzeptables Ergebnis erzielt wird, ist schlichtweg unfair den Hunden gegenüber – und deren Besitzern gegenüber ebenso. Wird die Ausbildung nun daraufhin ausgerichtet, gerade die allgemeinen und rassespezifischen Attribute anzusprechen und zu fördern, stellt sich das Problem einer rassebedingten Eignung zum Trailer grundsätzlich nicht.

Eine gute Mensch-Hund-Beziehung ist die beste Basis für die Arbeit mit dem Hund.

Die richtige Ausrüstung

Was wir an Ausrüstung benötigen, beschränkt sich anfangs auf ein geeignetes Geschirr und eine zweckdienliche Leine.

Das Geschirr

Das Geschirr muss dem Hund gut angepasst sein und sollte auch dann stabil am Rücken aufliegen, wenn der Hund sich dreht oder mal seitlich vom Hundeführer „ausbricht". Kehlkopf und Luftröhre des Hundes dürfen selbst bei starkem Zug nicht eingeengt werden.

Je weiter hinten die Öse zum Einhaken der Leine angebracht ist, desto besser. Damit werden sowohl die Rückenmuskulatur als auch die empfindlichen Partien der Wirbelsäule entlastet. Wie die kürzlich veröffentliche Jenaer Studie zum Bewegungsablauf des Hundes gezeigt hat, spielt das Schulterblatt des Hundes eine entscheidende Rolle für die Vorwärtsbewegung. Nicht wie bisher angenommen, das Schultergelenk, sondern das stark bewegliche Schulterblatt, das nur über die Muskulatur mit dem Skelett verbunden ist, bildet den Drehpunkt der Vorderbeine. Das eigentliche Schultergelenk, von dem bisher angenommen wurde, dass es dem Hüftgelenk entspricht, bleibt bei der Fortbewegung nahezu unbeweglich (Fischer und Lilje, 2006).

Das Geschirr muss dem Körperbau des Hundes angepasst sein.

Damit scheinen viele der unter Trailern sehr beliebten Geschirre, die quer über die Brust über das Schulterblatt verlaufen oder großflächig dort aufliegen, anfangs zwar sehr praktisch zu sein, weil man sie ohne großen Aufwand an- und ausziehen kann. Längerfristig stellt diese Art von Geschirr sich jedoch nicht nur als ungeeignet, sondern sogar als gesundheitsschädlich heraus, da sie den Hund in seinem natürlichen Bewegungsablauf gleich an mehreren Punkten blockiert.

Das Suchgeschirr sollte so eng am Körper des Hundes anliegen, dass er sich in schwierigem Gelände wie im Gebüsch oder im Unterholz damit nicht verheddern kann, darf aber auf keinen Fall an irgendeiner Stelle einschneiden. Praktisch sind auch Griffe an der Oberseite oder zumindest die Möglichkeit, dort zuzugreifen, um den Hund gegebenenfalls von A nach B zu leiten oder im Extremfall auch zu tragen.

Was das Material betrifft, so ist auf die Belastbarkeit zu achten. Wenn das Geschirr im Stadtverkehr reißen würde, wären die Folgen fatal. Leider stellt es sich immer erst nach einiger Zeit heraus, ob das Geschirr für den Hund angenehm zu tragen ist. Mit der Zeit können sich raue Kanten bilden oder das Geschirr kann „ausleiern". Ringe und Verschlüsse sollten unterlegt und die Auflagefläche am Körper mit hochwertigem Material gepolstert sein.

Es kommt schon mal vor, dass jahrelang Geschirre von namhaften Herstellern verwendet werden und manche Hunde zuerst gut, dann immer widerwilliger und schließlich nur mehr äußerst unwillig arbeiten. Die Ursachen dafür sucht man überall, an das Geschirr denkt man allerdings häufig erst, wenn sich genau an der Stelle, an der das Geschirr aufliegt, deutlicher Haarausfall zeigt. Im Laufe der Zeit waschen sich nämlich diverse Weichmacher oder sonstige Chemikalien heraus und das Geschirr kann zu scheuern beginnen.

Die Leine

Was die Länge der Leine betrifft, so kommt es stark darauf an, wo man arbeitet. Während in der Stadt 5 Meter absolut ausreichend sind, können in freier Flur bis zu 12 Meter praktisch sein. Je länger die Leine, umso besser muss das Leinenhandling beherrscht werden, da hier mehr einzuholen und nachzugeben ist als bei einer kurzen Leine. Je kürzer die Leine ist, umso mehr Bewegung ist vom Handler gefragt. Auch hier sind gutes Leinenhandling und korrekte Führung Vor-

Geeignete Leinen: eine 1,5 cm breite Textilleine und eine 0,8 cm breite Lederleine.

aussetzung, um hinter dem Hund nicht ruckartig einzuwirken. Für den Anfänger haben sich etwa 7 bis 8 Meter Leinenlänge als optimal erwiesen.

Was das Material angeht, scheiden sich die Geister. Es ist schwierig, hier eine Empfehlung abzugeben. In jedem Fall sollte darauf geachtet werden, dass sich die Leine bei Regen nicht mit Wasser vollsaugen kann und damit schwer und unhandlich wird. Eine massive Lederleine wird für einen kleinen Hund ebenso wenig geeignet sein wie eine dünne Nylonleine für einen ausgewachsenen Schäferhund, der ordentlich Zug an den Tag legt.

Zu beachten ist, dass Leder- und Biothaneleinen eher zum Schlingern neigen als flache Textil- bzw. Polyesterleinen. Leinen mit einer integrierten Gummierung liegen zwar gut in der Hand, trotzdem sollte man sie besser in Kombination mit Handschuhen verwenden, da es unangenehm heiß werden kann, wenn man sie schnell durch die Hand gleiten lassen muss.

Wasser

Ausreichend Wasser für den Hund muss man vor allem an warmen Tagen immer dabei haben. Durch das ständige schnelle Ein- und Ausatmen trocknen die Schleimhäute des Hundes rascher aus. Das verringert zum einen die Riechleistung und erhöht zum anderen, ebenso wie die hohe Anstrengung, den Flüssigkeitsbedarf des Hundes.

Weiteres Zubehör

Damit hätten wir die Basisausstattung auch schon. Zusätzlich ist es zweckmäßig, noch eine weitere, alltägliche Spaziergehleine zur Hand zu haben, an die der Hund nach getaner Arbeit umgehängt werden kann. Kompass, GPS und weiterer technischer Schnickschnack sind zwar nett und zu gegebener Zeit sicher hilfreich und nützlich, für den Anfang aber nicht notwendig. Wer seine Arbeit unbedingt via GPS aufzeichnen will, für den reicht zu Beginn die GPS-Funktion, mit der die meisten Mobiltelefone ausgestattet sind. Was an Technik wirklich gute

Wasser muss immer dabei sein.

37

Dienste leisten kann, ist eine Videokamera mit Verwackelschutz, die allerdings von einer Begleitperson bedient werden sollte. Man sieht auf den Aufnahmen von „außen" seine Fehler wesentlich besser, da man während der Arbeit mit dem eigenen Hund nicht die richtige Perspektive hat und viel zu sehr auf das konzentriert ist, was man gerade macht. Im Nachhinein ist es dann schwierig, eigene Fehler nachzuvollziehen.

Die Helfer

Unabdingbar für das Training sind Helfer, Versteckpersonen und im weiteren Verlauf eventuell ein williger Chauffeur, um Versteckpersonen an ihre Startpunkte, also jenen Ort, an dem deren Trail beginnt, zu bringen oder sie von ihrem Versteck abzuholen, um sie einen oder mehrere Tage später wieder genau dort abzusetzen, wenn man ältere Trails trainieren möchte.

Diese Helfer und Versteckpersonen haben sich unbedingt exakt an die Anweisungen zu halten, die ihnen zu Beginn der Mission gegeben werden. Wird beispielsweise vereinbart, dass sie sich genau gegenüber von Haus Blumengasse Nr. 21 hinter dem Container verstecken sollen, so haben sie sich genau dort zu

Verlässliche Hilfspersonen sind Gold wert.

verstecken und nicht etwa hinter dem Container bei Hausnummer 23 oder 18, und das mit gutem Grund: Im Training bilden wir die Hunde aus. Der Handler, der im Training immer weiß, wo der Trail verläuft, beobachtet den Hund einerseits, um seine Körpersprache besser zu verstehen, und korrigiert den Hund andererseits, um dem Hund das gewünschte Verhalten beizubringen.

Entwickeln die Versteckpersonen nun eigene Ideen, sei es, um Hund oder Handler zu testen oder weil ihnen ein anderer Weg oder ein anderes Versteck interessanter erscheint, interpretiert der Handler seinen Hund gegebenenfalls falsch bzw. korrigiert ihn unrechtmäßig, da er von einem Fehlverhalten des Hundes ausgeht, während dieser aber eigentlich im Recht ist und der Versteckperson korrekt folgt. Eigenmächtige „Kreativität" eines Helfers kann das Team in der Ausbildung um Wochen zurückwerfen.

Zu den Helfern zählen auch die sogenannten Flanker. Ein Flanker begleitet den Hundeführer auf dem Trail direkt an dessen „Flanke", also Seite. In Seminaren steht meistens der Instruktor oder Ausbilder als Flanker zur Verfügung, korrigiert den Handler, gibt ihm Tipps und macht ihn auf das Verhalten des Hundes aufmerksam. Beim Training in Eigenregie kann der Flanker von einem erfahrenen Trailer gestellt werden oder einfach nur von einem weiteren Helfer, der zum Beispiel die Versteckperson zu ihrem Versteck gebracht hat und nun den Handler begleitet, um ihm anzusagen, wie der Trail exakt verläuft, damit dieser seinen Hund unterstützen oder korrigieren kann.

Der Flanker sollte sich aber bewusst sein, dass er dem Hund allein durch seine Körpersprache verraten kann, wie der Trail verläuft. Hunde sind nicht dumm. Sie lernen schnell, dass sie sich am Zögern, Zurückbleiben, Beschleunigen und anderen Sig-

Ein guter Flanker hat auch die Umgebung im Auge.

nalen der Begleitpersonen orientieren können, um ohne viel Aufwand zum Ziel zu kommen (siehe auch das Kapitel „Schummler".) Viele Teams fühlen sich bereits sehr fortgeschritten, da sie im Training auch auf Blindtrails, also Trails, bei denen der Handler den Trailverlauf selbst nicht kennt, immer erfolgreich gefunden haben. Bei einer neutralen Überprüfung durch einen Leistungsrichter versagen sie dann nicht selten auf der ganzen Linie und der Hund steht plötzlich ziemlich verloren da, weil er niemals richtig gelernt hat, die Spur mit seiner Nase zu verfolgen. Die Ursache ist in den meisten Fällen, dass die Flanker im Training dem Hund unbewusst den richtigen Weg angezeigt haben, was einem Richter niemals passieren wird.

Chauffeure sollten sich an die Anweisung halten, einige hundert Meter, bevor sie eine Person irgendwo absetzen bzw. abholen, alle Fenster im Auto zu schließen und das Lüftungssystem im Idealfall auf Umluft zu stellen, sodass keine Luft und damit Scent aus dem Fahrzeug nach außen dringen kann. (Dazu mehr im Kapitel „Sonne Wind und Regen – Scent und Umwelt" – siehe auch Kasten „Cartrails".)

Die Belohnung

Und was die Bestätigung für den Hund angeht: Manche Hunde sind eher futterorientiert, andere wiederum begeistern sich für ein bestimmtes Lieblingsspielzeug. Wenn nun der Hund am Ende des Trails mit Futter bestätigt wird, so sollte die Belohnung für die geleistete Arbeit auch wirklich fürstlich ausfallen.

Ein Hund, der über einen oder mehrere Kilometer sein Bestes gibt, sollte nach getaner Arbeit nicht mit einem kleinen Schüsselchen Nassfutter, das er ohnehin jeden Tag in seiner Futterschüssel findet, oder ein paar Stückchen Käse abgespeist werden. Es sollte schon etwas Besonderes sein, was er über alles liebt und was er auch nur in Ausnahmefällen bekommt.

Diese Bestätigung sollte man nun nicht als Lockmittel betrachten, das die Arbeitsmotivation steigert. Wir sollten dem Hund mit der Belohnung und unserer Begeisterung zeigen, wie sehr wir seine Leistung schätzen und respektieren.

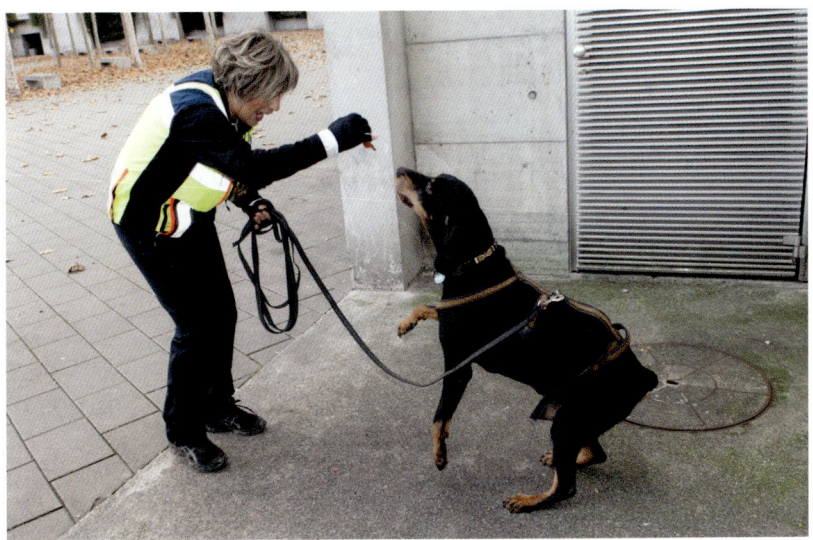

Ob Futter oder Spielzeug – das Wichtigste ist die Begeisterung.

Jetzt aber los

Viele der klassischen Mantrailer-Ausbildungen beginnen den Aufbau damit, die Hunde anzuhetzen bzw. anzureizen. Diese Methode funktioniert in der Regel so, dass der Hund von seinem Handler festgehalten wird, während ein Helfer vor dem Hund steht und auf sich aufmerksam macht, in der Regel mit einem Stück Wurst oder einer anderen Delikatesse für den Hund oder auch über ein besonders begehrtes Spielzeug. Dann läuft der Helfer in eine beliebige Richtung davon, ruft den Hund vielleicht auch noch nach und versteckt sich hinter einer Mauer, einem Gebüsch oder Ähnlichem. Dem Hund, bereits sehr aufgeregt und hoch motiviert, wird vor seinem Start noch die Jacke, der Rucksack oder ein ähnliches Artefakt mit dem Geruch des Helfers präsentiert oder er wird – oft mit einiger Mühe, ist doch der Jagdtrieb bereits geweckt und der Hund daher in Eile – über ein am Boden liegendes Kleidungsstück des Helfers geführt und stürmt dann los, um den Helfer zu erwischen.

Kommt der Hund an, begrüßt der Helfer ihn voller Begeisterung mit der zuvor präsentierten Delikatesse, Lieblingsspielzeug oder wildem Spiel. Dies wird eine Weile so fortgesetzt, der Helfer verschwindet immer weiter weg, irgendwann sieht der Hund ihn auch nicht mehr weglaufen, die Strecken, die der Helfer zurücklegt, werden immer schwieriger und komplizierter usw.

Nun, einen Versuch mag das wert sein, aber wirklich Erfolg versprechend ist diese Art der Ausbildung nicht. Die Motivation des Hundes ist in erster Linie auf die Wurst bzw. seine Beute ausgerichtet. Wenn er losflitzt, dann hat er die Delikatesse oder sein sogenanntes Motivationsobjekt im Kopf. Der Mensch, den es zu suchen gilt, ist ihm völlig egal, und die Geruchsspur, die dieser Mensch hinterlassen hat, ebenso. Ersteres wäre ja noch zu vertreten, der Mensch kann dem Hund tatsächlich egal sein. Er wird im Laufe seiner Arbeit – außer im Training – die gesuchte Person ohnehin nur in Ausnahmefällen zu Gesicht bekommen, aber kein Interesse an der Spur zu zeigen, wäre fatal.

Effizienter hingegen gestaltet sich der Beginn, wenn man die Ausbildung auf der uneingeschränkten Neugierde der Hunde aufbaut, die sie von ihrem Ur-Vater Wolf geerbt haben.

Neugierde ist jedem Hund angeboren.

EXKURS: WARUM WIR AUF OPFERBINDUNG VERZICHTEN KÖNNEN

Meine Denkweise zur Opferbindung ist eine ganz persönliche, zu der ich über die Jahre gekommen bin, durch viele Erfahrungen in Realeinsätzen, die so wenig schön waren, dass ich nicht darüber schreiben möchte. Nur so viel dazu: Wir haben den Tod, seinen Geruch, den Schmerz der Leute hautnah miterlebt. Früher suchten die Hunde teils noch an langen Fährtenleinen, teilweise auch frei, doch es wurde noch nicht so weit auf Distanz gearbeitet wie heute. Die Rettungshundeteams waren näher dran. Die damalige Ausbildung der Rettungshunde umfasste sowohl Trümmer-, Flächen- und Fährtensuche in einem, ab 1968 begann man in der Schweiz mit Spezialausbildungen und 1971 gab der SVKA (Schweizerischer Verein für Katastrophenhundeausbildung) dann ein offizielles Ausbildungsreglement heraus, das die speziellen Einsatzdisziplinen voneinander trennte. Bei Katastropheneinsätzen begreift man plötzlich, was wichtig ist und was nicht. Da bekommt man ein ganz anderes Gefühl zueinander, man lebt eine ganz andere Beziehung zu seinem Hund. Denn wie soll man seinen Hund im Einsatz, der Tage dauern kann, über die Opferbindung motivieren? Was bekommt der Hund im Realeinsatz vom Opfer? Ein Würstchen? Einen Freudentanz von Opfer und Rettungsmannschaft?

Können ihn ein Schwerverletzter oder drei bewusstlose Opfer in positive Wohlfühl-Stimmung versetzen? Kann sich ein Opfer überhaupt nur annäherungsweise so verhalten, wie es viele talentierte Helfer dem Hund in monatelangem Training beizubringen versuchten? Ja, vielleicht, wenn das Opfer noch lebt. Sonst erlebt auch er die Trauer um die Schicksalsschläge als ständige Begleitung. Wenn man zu spät kommt und nicht mehr helfen kann, ist niemand in der Stimmung, um den Hund mit Würstchen und Freudengeschrei zu loben, die Opfer schon gar nicht. Und gar nicht so selten kam es vor, dass die Hunde, die über Futterbelohnung vom Opfer aufgebaut worden waren, nicht die vom Erdbeben Verschütteten, sondern die Eisschränke unter den Trümmern anzeigten, in denen sich die Wurst befand. Nicht wenige Hunde verloren schnell die Lust an der Arbeit, weil die Verletzten oder Toten nicht mit ihnen spielten, wenn sie sie gefunden hatten. Für viele der Hunde musste man sich nach einem Realeinsatz ein spezielles Motivationsprogramm einfallen lassen, um ihnen die Freude an der Suche wiederzugeben. Was ich daraus gelernt habe: Unsere Hunde brauchen keine Opferbindung. Unsere Hunde brauchen uns. Nicht umsonst reden wir andauernd von Teamarbeit.

Ihr Lob und ihre Belohnung bekamen meine Hunde immer von mir und nur von mir – und noch mehr als das: Respekt vor ihrer Leistung und Dankbarkeit. Auch wenn sie mir dabei Tränen vom Gesicht leckten. Da gibt es immer noch Leute, die darüber nachdenken, ob ein Hund Gefühle hat oder nicht. Ich sage: Unsere Hunde sind intelligenter und zu mehr Gefühlen fähig, als wir uns vorstellen können, wenn wir uns nur darauf einlassen.

Wir können bei unserer Ausbildung von Mantrailer-Teams komplett auf Opferbindung verzichten. Persönliche Beziehungen zur ganzen Welt liegen nämlich nicht in der Natur unserer Hunde, da helfen auch keine Wurst, kein Spiel und keine generelle Menschenfreundlichkeit. Wäre der Hund ein Wolf, der nicht fähig ist, eine Beziehung zu einem ganz bestimmten Menschen einzugehen, könnte er sich vielleicht auch an Opfer binden.

Gabriella Trautmann Zenoni

Die zweite Basis für den Start einer Trailerlaufbahn ist für uns das gute Verhältnis zwischen Handler und Hund. Mit anderen Worten ausgedrückt, die Beziehung zwischen ihm und seinem Hund ist gut und stabil. Ist dieses Verhältnis getrübt, sollte man daran denken, diese Unstimmigkeiten zu beseitigen, bevor man sich mit seinem Hund auf eine lange und anstrengende Ausbildung – egal welcher Art – einlässt.

Hunde sind von Natur aus ausgesprochen neugierige Tiere, insbesondere wenn ihr Sozialpartner, in unserem Fall der Mensch, ihr Besitzer, sich mit etwas beschäftigt, was sehr interessant oder wichtig zu sein scheint.

Die ersten Übungen

Wir wählen für diese allerersten Übungen im Leben eines Trailers ein Gebiet, das folgende Voraussetzungen bietet:

- Eine Möglichkeit, den Hund irgendwo festzubinden. Das kann ein Laternenpfahl, ein Pfosten oder ein Baum sein. Oder man hat einen Erdnagel mit dabei, der stark genug ist, um den eigenen Hund daran anzubinden.
- Die Möglichkeit, sich vom Hund zu entfernen, aus seinem Blickfeld zu verschwinden und von ihm ungesehen wieder zurückzukommen. Ein frei stehendes Haus oder eine frei stehende Scheune zum Beispiel sind bestens geeignet.
- Natürlicher Untergrund wie Gras, Lehm, Waldboden, auf keinen Fall Asphalt oder Beton.

Ferner benötigen wir zwei Dinge, welche intensiv nach dem Handler selbst riechen, wie Jacke, T-Shirt oder Ähnliches, außerdem eine Super-Leckerei für den Hund, etwas, was er normalerweise niemals bekommen würde, oder sein absolutes Lieblingsspielzeug, das unter normalen Umständen ebenfalls nicht zu haben ist, sondern das nur zu ganz besonderen Anlässen aus dem Schrank geholt wird.

Dem Hund wird zu Beginn das Geschirr angelegt, die Suchleine wird eingehakt und an einem Baum, dem Erdnagel oder etwas Ähnlichem festgebunden. Vor den Hund legt man, für ihn unerreichbar, ein T-Shirt, eine Jacke oder ein anderes Kleidungsstück, Hauptsache, es ist mit genügend eigenem Geruch „durchtränkt".

Der Handler stellt sich nun vor den Hund und geht rückwärts von ihm weg, dabei versucht er, ihn ständig auf sich selbst aufmerksam zu machen. Von Zeit zu Zeit, so alle 4 bis 5 Meter, bückt er sich in Richtung Boden und kramt dort geheimnisvoll herum. Es ist völlig egal, was man dort macht, ein Gänseblümchen streicheln, ein paar Grashalme zählen, wichtig ist nur, dass man hierbei den Hund verbal auf seine Tätigkeit aufmerksam macht, etwa mit „Was hab ich denn da, das ist aber nett" oder in der Art.

Alternativ kann man auch kleine Fährtenfähnchen an diesen Stellen in die Erde stecken, Pylonen aufstellen oder diese Punkte mit Steinen markieren. Von Punkt zu Punkt sollte man immer kleine stumpfe Winkel einbauen. Die Fähnchen, Pylonen oder ähnliche Markierungshilfen leisten gute Dienste dabei, den genauen Streckenverlauf wiederzuerkennen.

Nach ungefähr fünf bis sechs solcher „Interessenspunkte" sieht der Handler dann zu, dass er hinter einer Mauer, einer Hausecke oder einem dichten Gebüsch verschwindet. Nach einigen Metern außer Sicht legt er dann einen zweiten Geruchsartikel von sich selbst ab und platziert darauf das Super-Leckerli oder das Spielzeug. Wer mit Futterbelohnung arbeitet, dem sei hier gesagt: an dieser Stelle bitte nicht geizig sein! Für den Hund muss sich das Ziel qualitativ wie auch quantitativ bezahlt machen.

Danach geht man die begonnene Runde weiter, und zwar so, dass man hinter dem Hund wieder in sein Sichtfeld tritt und auf keinen Fall auf dem Weg zurückkehrt, auf dem man sich entfernt hat.

Nun wird der Hund rasch losgebunden, die am Startpunkt liegende Jacke oder das T-Shirt wird ihm kurz präsentiert und unter die Nase gehalten. Es folgt ein deutliches „Such" oder was immer man als Startkommando auswählt, das in Zukunft beibehalten werden muss. Dieses Kommando wird der Hund im Laufe der Zeit damit verbinden, dass seine Arbeit jetzt und sofort beginnt, nicht früher und auch nicht eine halbe Stunde später. Und wir verwenden dieses Wort am

EXKURS: BIS DASS DER TOD EUCH SCHEIDET – EINE BEZIEHUNG AUF DAUER

In der Hundewelt sprechen Verhaltensforscher und Trainer immer wieder gern von der „Bindung" zum Hund. Bindung wird definiert als „Bestreben nach Aufrechterhaltung der Nähe zu einem spezifischen Partner, der nicht von einem anderen der gleichen sozialen Kategorie ohne Weiteres ersetzt werden kann" (Gansloßer, 2007). Das ist schön, aber irgendwie gefällt mir dieses Wort trotzdem nicht besonders. Bindung kommt von binden, der eine bindet, der andere ist/wird gebunden. Binden verbindet man gern mit Schnüren oder Seilen und kommen diese ins Spiel, könnte man eigentlich auch gleich von Fesseln sprechen.

An seinen Hund gefesselt zu sein, klingt nun schon gar nicht verlockend. Das Erste, was mir dazu einfällt: dass es schwierig wird, in Urlaub zu fahren; das Zweite: die Schwiegereltern, die dem Hund nicht sonderlich zugetan sind und daher nicht mehr zu Besuch kommen wollen (was angeblich manchmal auch ein Segen sein kann), als Nächstes, dass man bei Wind und Wetter raus muss, weil der Hund seinen Auslauf und seine Gassi-Runde braucht. Und bevor wir uns versehen, finden wir schon Massen von Argumenten, die dagegen sprechen, sich überhaupt einen Hund zu halten – was man durchaus als negatives Denken bezeichnen könnte.

Ich finde es eigentlich viel schöner, von einer Ver-Bindung oder Beziehung zu sprechen. Beziehung klingt wesentlich netter. Beziehung kommt von Bezug und wenn ich zu etwas einen Bezug habe, fühle ich mich zu dieser Sache hingezogen. Sei es nun wirklich eine Sache, ein Mensch oder in unserem Falle eben ein Hund. Bei Menschen und Hunden ist es dann in der Regel auch so, dass das jeweils andere Wesen spürt, dass man selbst sich zu ihm hingezogen fühlt und diese Beziehung positiv erwidert. Diese Art zu denken finde ich weitaus fruchtbarer.

Zwei, die sich zueinander hingezogen fühlen.

Stimmt diese so definierte Beziehung zwischen mir und meinem Hund bzw. meinen Hunden, so wird sich jede Art der Beschäftigung mit ihm bzw. ihnen wesentlich leichter und harmonischer gestalten. Dann kann ich eigentlich sogar davon absehen, den Hund großartig „abzurichten", das Zusammenleben wird nach der Festlegung eines häuslichen Reglements einfach so gut wie von selbst funktionieren. Essenziell ist es, das soziale Miteinander in den Vordergrund zu stellen und eine vertrauensvolle Beziehung aufzubauen. Dazu müssen wir aber die Gruppenstrukturen der Caniden ernst nehmen und bereit sein, uns an ihren Regeln zu orientieren (Bloch und Radinger, 2010). Stimmt diese Beziehung von Hund und Mensch und zu Menschen allgemein, dann brauchen wir uns auch um Begriffe wie „Opferbindung" keinen Kopf machen. Um wieder den Urahn des Hundes herbeizuzitieren: Wölfe sind unglaublich soziale Tiere, denen auf Kooperation und Zuneigung basierende Beziehungen extrem wichtig sind, nicht aber auf stereotypen Erziehungsmustern beruhende Bindungen. Da sehe ich nämlich einen gewaltigen Unterschied.

Medien, Politik und die „Sachverständigen"-Riege für Hunde, zu der eigentlich schon bald die gesamte Bevölkerung zu zählen ist, hämmern dem frischgebackenen Hundebesitzer monoton ein, dass der Hund eine adäquate Erziehung braucht, die ihm allein die Hundeschule garantiert. In manchen Ländern ist ein Sachkundenachweis vorzulegen, will man sich mit seinem potenziell verdächtigen Hund in der Öffentlichkeit sehen lassen. Der Hund ist also eine Sache. Nun, im Juristenjargon mag das ja so sein, aber sind unsere Hunde, von denen nachweislich jeder anders tickt, wirklich eine Sache?

Die richtige Hundeschule zu finden ist auch nicht ganz so einfach. Zum einen ist es nicht damit abgetan, dass nur der Hund allein die Schulbank drückt, zum anderen spulen viele Hundeschulen einfach ihr Standardprogramm ab, das den jungen Hunden mechanisch Sitz, Platz, Fuß eintrichtert, ohne aber auf die sozialen Beziehungen der Tiere einzugehen und auf diesem Gebiet Wissen zu vermitteln, was dem Hundebesitzer zu diesem Zeitpunkt weit zweckdienlicher wäre. Die Gehorsamsüberprüfung auf dem Gebiet der „Unterordnung" wird hier zum Garantieschein für eine „gute Bindung" und soll ganz nebenbei noch alle anderen Probleme mit dem Hund lösen. Die von der Verhaltensforschung nachgewiesene Bindungsfähigkeit des Hundes, die sein Verhältnis zum Menschen bestimmt, wird damit auf reine Konditionierung reduziert. Zum dritten lässt sich, nicht unähnlich der Menschenwelt, gerade in letzter Zeit ein Trend zur antiautoritären Erziehung ausmachen, der Hunde zu leckerligesteuerten Entmündigten degradiert und ihnen jede von Art

Wir sollten Hunde einfach wieder Hunde sein lassen.

inner- und außerartlichem Aggressionspotenzial einfach abspricht. Wenn ich die Zeit meiner Kindheit mit der heutigen vergleiche, dann hat sich für unsere Hunde allerhand geändert. Die zusammengewürfelte Dorfhundemeute von damals, die im Alleingang die Umgebung erkundete, würde in unserer ach so ordentlichen Welt zu einem wahren Drama geraten. Sie zogen miteinander durch die Ortschaft, sie trugen Auseinandersetzungen um den besten Knochen und die schönste Hündin aus, sie begegneten Kindern auf der Straße. Was ist damals großartig passiert? Nichts.

Heute leben Hunde in einer feindlichen Welt. Bei einer Hundebegegnung hat man seinen eigenen an die Leine zu nehmen und ihn mit Leckerlis

von dem vermeintlich bedrohlichen Zusammentreffen abzulenken. Trifft man ausnahmsweise auf Spaziergänger mit Hund, die eigentlich nichts dagegen hätten, diesen mit dem eigenen Hund laufen zu lassen, kommt leise Panik hoch, sobald man selbst mit mehr als einem Hund unterwegs ist, weil das angeblich immer in eine Beißerei ausartet.

Ich störe mich an der Angst, die Hunden heutzutage entgegengebracht wird: Angst der Mitbürger, die keinen Hund haben, Angst der Hundebesitzer vor einer Rauferei, Angst, dass der Hund weglaufen könnte, Angst des wichtigsten Sozialpartners des Hundes, dass der Hund ihm über den Kopf wachsen könnte, also „dominant" werden oder sonstigen Unfug veranstalten könnte, wenn man ihn nicht ununterbrochen kontrolliert, oder wenn er, wie man es landläufig auch nennt, nicht „im Gehorsam steht". Für das Zusammenleben mit Hunden brauchen wir in Wirklichkeit weder ein reflexartig ausgeführtes „Sitz" oder „Platz" noch ein „Fuß", bei dem der Hund am linken Knie klebt und in einer unphysiologischen Körperhaltung Blickkontakt sucht. Und schon gar keinen Sachkundenachweis für Individuen, die keine Sachen sind. Vergleichende Studien zwischen handaufgezogenen Wolfswelpen und einer Kontrollgruppe von Hunden haben erst kürzlich gezeigt, dass den jungen Wölfen trotz Menschenkontakt die intakten sozialen Beziehungen innerhalb des Rudels genügten. Sie blieben vom Menschen unabhängig. In der Arbeit mit der Hundegruppe waren die Forscher aktiv damit beschäftigt, die „Bindung", die die Hunde von sich aus anboten, so gering wie möglich zu halten, da eine solche die Ergebnisse verfälscht hätte. Auch zeigte die Hundegruppe geringeres

Konfliktlösungspotenzial und weit weniger gefestigtes Sozialverhalten, da Hunde viele Aufgaben aus diesem Bereich im Laufe der Domestikation auf den Menschen übertragen zu haben scheinen (Viranyi, Gespräch Nov. 2012). Und da machen wir uns ständig Sorgen um die Beziehung zwischen Hund und Mensch, problematisieren und therapieren! Für uns bedeutet das heute: mit unseren Hunden leben, sie beobachten, wie sie selbst miteinander umgehen, wie sie kommunizieren und sie einfach als das ansehen, was sie sind – nicht Menschen, nicht Filmhelden oder Wundertiere, sondern Familienmitglieder, die mit uns im sozialen Verbund leben und die wir als Individuen einer anderen Spezies genauso respektieren, wie wir auch von ihnen Respekt verlangen. Das verstehe ich unter einer Beziehung, die, wie gesagt, nicht dasselbe wie Bindung ist.

Robert Boulanger

ganzen Trail auch nur ein einziges Mal, es wird nicht mehr wiederholt. Der Hund verknüpft dieses Kommando mit dem präsentierten Geruch, also mit demjenigen, den er in weiterer Folge suchen soll. Wiederholt man das Startkommando zu einem späteren Zeitpunkt, weil man vielleicht davon genervt ist, dass der Hund gerade an einer Markierung eines Kollegen schnuppert, könnte man dem Hund damit durchaus vermitteln, dass ab sofort dieser Kollege zu suchen sei. Für die Motivation oder Korrektur des Hundes wählen wir ganz bewusst andere Worte (siehe dazu Kapitel „Der erste echte Trail").

Die erste Versteckperson ist der Handler selbst: Maxim platzt schon fast vor Neugierde.

Hat der Handler alles richtig gemacht, kann er jetzt seinem Hund folgen, der schnellstmöglich versuchen wird, zum ersten interessanten Punkt zu gelangen und neugierig am Boden herumschnüffelt. Nachdem hier nichts Aufregendes zu finden ist, wird er bereits zu diesem Zeitpunkt der Spur weiter folgen bis zum nächsten Punkt usw. Sehr bald kommt er in den Bereich, der vorher für ihn nicht einsichtig war, und dort wird er den zweiten Gegenstand, der da deponiert wurde, finden, samt seinen Leckerlis oder seinem Spielzeug.

An dieser Stelle ist jetzt der Mensch gefragt. Mit dem Hund muss sofort ein wahres Freudenfest gefeiert werden! Bekommt er sein Lieblingsspielzeug zur Belohnung, so wird ausgiebig und begeistert mit ihm gespielt. Bekommt er einen Leckerbissen, so sollte nach dessen Verzehr ebenfalls noch fröhlich mit ihm herumgetobt werden. Er muss das Gefühl haben, er habe etwas ganz Großartiges geleistet, selbst wenn ihm noch nicht wirklich bewusst ist, was das neue Spiel eigentlich soll – aber das kommt schon noch. Erst jetzt, nachdem der ganze Spaß vorbei ist, wird der Hund aus dem Geschirr und wieder an die normale Leine genommen oder er darf noch nach Herzenslust herumtoben.

Was für den Hund hier eigentlich vor sich geht: Sein Mensch, also sein Sozialpartner, das wichtigste Wesen in seinem Leben, bindet ihn an und entfernt sich von ihm. Dann scheint er etwas am Boden entdeckt zu haben und möchte offenbar, dass der Hund das auch bemerkt. Er, der Hund, angebunden wie er ist,

Verdiente Belohnung!

kann diese Entdeckung aber nicht mit seinem Menschen teilen. Nach einigen Metern macht sein Mensch erneut eine großartige Entdeckung und dann wieder und wieder. Die Neugierde wird zu diesem Zeitpunkt so groß, dass der Hund schier zu platzen droht. Zu guter Letzt verschwindet der geliebte Mensch auch noch aus seinem Blickfeld, er kann ihn noch hören, er kann ihn wittern, aber er sieht nicht mehr, was geschieht. Die Neugierde steigt ins Unermessliche. Schließlich taucht der Mensch wie aus dem Nichts von hinten wieder auf und bindet ihn endlich los.

Dem Hund wird ein Objekt unter die Nase gehalten, das intensiv nach seinem Menschen riecht. Danach sucht er sofort die erste Stelle auf, an welcher sein Mensch vermeintlich etwas ganz Spannendes am Boden entdeckt hat. Hier ist aber nichts – außer ein intensiver Geruch seines Menschen, was nicht weiter verwunderlich ist, da dieser an jener Stelle eine Weile verharrt hat. Er strengt sich also an und versucht den nächsten Punkt zu finden, der so unglaublich interessant für seinen Menschen war. Wieder nichts. Dasselbe nun noch zwei bis dreimal, bis der Hund an das ausgelegte T-Shirt oder die Jacke seines Menschen kommt und dort, siehe da, dort gibt es etwas ganz Feines. Die Suche hat sich gelohnt. Und sein Mensch ist überglücklich.

Der Hund lernt also, dass es am Anfang um einen ganz bestimmten Geruch geht, nämlich jenen seines Menschen auf dem ersten Kleidungsstück. Es ist zu diesem Zeitpunkt noch nicht so wichtig, dass der Hund konzentriert und lange

Das Spiel erfolgt ausschließlich mit dem eigenen Menschen.

daran schnüffelt. Sobald er den ersten Punkt erreicht, an welchem der Mensch vermeintliches Interesse an irgendetwas am Boden zeigte, findet er dort nichts – außer wieder den Geruch seines Menschen. Neugierig beginnt der Hund nun dieser Geruchsspur zu folgen, von einem Punkt zum nächsten. Dass er dabei auch auf Bodenverletzungen achtet, ist zu diesem Zeitpunkt nicht von Bedeutung. Wichtig ist: Er benutzt seine Nase, um das Geheimnis, das sein Mensch ihm hier vorenthält, zu lüften.

Er verfolgt hierbei schon eine Geruchsspur, wenn auch wahrscheinlich kombiniert mit Bodenverletzungen, die ihm bei der Suche noch weiterhelfen. Am Ende findet er eine Überraschung in Form des zweiten Kleidungsstückes und damit ganz intensiv den Geruch, welchen er am Beginn präsentiert bekam und dem er über die gesamte Strecke gefolgt ist.

Kurz, er hat seinen Auftrag verstanden. Es geht nicht um die Person am Ende der Strecke, es geht auch nicht darum, ein Leckerli am Ende der Strecke aufzuspüren, es geht darum, für und mit seinem Menschen gemeinsam eine Spur zu verfolgen und sich mit dem Menschen gemeinsam über den verrichteten Job zu freuen.

Diese Übung wird noch einmal, maximal zweimal wiederholt. Bevor wir uns dem nächsten Schritt zuwenden, sehen wir uns an, was dabei schiefgehen kann.

Ein Spiel, an dem auch der Nachwuchs schon Spaß haben kann.

Häufige Probleme und deren Lösung

- **Der Hund interessiert sich nicht die Bohne für seinen Handler, wenn dieser weggeht und mit diesem Spiel beginnt.**

1) Irgendetwas in der näheren Umgebung erregt seine Aufmerksamkeit und lenkt ihn ab. Dem kann man am besten vorbeugen, indem man diese erste Übung in einer Umgebung ausführt, in welcher Ablenkungen so gut wie ausgeschlossen sind.

2) Der Handler gestaltet das Spiel zu emotionslos, zu uninteressant für den Hund. In diesem Fall muss einfach mit mehr Einsatz, mit mehr Körpersprache Begeisterung gezeigt werden. Es geht darum, dem Hund glaubhaft zu vermitteln, dass man ganz tolle Dinge entdeckt und tut, während man sich von ihm entfernt.

3) Der Hund hat so wenig Beziehung zu seinem Menschen, dass es ihm prinzipiell egal ist, dass dieser von ihm weggeht und was er in der Zwischenzeit so anstellt. In diesem Fall sollte man zunächst an der Beziehung zum eigenen Hund arbeiten, bevor man eine – egal welche – Ausbildung mit ihm beginnt.

- **Der Hund war zwar noch interessiert, als der Handler wegging, als er jedoch hinter dem Hund wieder auftauchte und ihn suchen lassen wollte, zeigte er kein Interesse mehr.**

Wahrscheinlich hat die ganze Aktion vom Verschwinden des Handlers aus dem Sichtfeld des Hundes bis zum Suchkommando, also bis zum eigentlichen Start, viel zu lange gedauert. Der Hund hat bereits vergessen, dass der Handler etwas Spannendes gefunden hat, oder in der Zwischenzeit ist an anderer Stelle etwas viel Interessanteres passiert.

- **Der Hund marschiert zwar los, kommt zur ersten, eventuell auch noch zur zweiten Station, will dann aber irgendwohin abbiegen, nur nicht in die Richtung, in die sein Handler gegangen ist.**

In diesem Fall: stehen bleiben! Nicht mitgehen und auch den Hund nicht irgendwo hinziehen lassen, sondern ihn wieder zurück auf den richtigen Weg bringen und stimmlich motivieren: „Wo ist es?" „Zeig mir, was da ist!" Ist er wieder auf der Spur: ein kurzes, nicht zu überschwängliches „Fein gemacht".

- **Der Hund interessiert sich nach der zwölften Station nicht mehr für das Spiel, hat aber freudig begonnen.**

Großartig, ein intelligenter Hund. Ihm ist klar geworden, dass an all den Stellen, an denen sein Mensch so interessant am Boden herumgemacht hat, nichts Aufregendes ist. Zu viele Stationen eingebaut! Fünf bis sechs sind ausreichend, bevor man aus dem Blickfeld verschwindet.

Natürlich kann es in einem Seminar passieren, dass ein Hund auf Gedeih und Verderb nicht starten will oder sich ganz und gar nicht für die Aktionen seines Handlers interessiert. Als Seminarleiter findet man sich dann in einer Situation wieder, die an eine Autofahrt auf einer Schneefahrbahn erinnert: Man kommt mit seinem Automobil trotz guter Reifen plötzlich keinen Meter mehr voran. Nun, im Falle von mangelndem Reifengrip zieht man eben Schneeketten auf, fährt damit weiter, bis wieder normale Straßenverhältnisse herrschen, und montiert sie wieder ab.

Auf den desinteressierten Hund bezogen sieht die Schneekette folgendermaßen aus: Der Instruktor schnappt sich ein Stück Wurst oder eine ähnliche Delikatesse und legt seine Jacke vor dem Hund ab, der nun von seinem Menschen festgehalten wird. Er präsentiert dem Hund die Leckerei, entfernt sich dann rückwärts und macht mit viel Gestik und der in Aussicht gestellten Futterbelohnung den Hund auf sich aufmerksam und versucht, dessen Neugierde zu erhalten.

Auch er verschwindet hinter einer Ecke außerhalb des Sichtbereiches des Hundes, bleibt aber gleich darauf stehen. Der Handler hält dem Hund die Jacke des Instruktors kurz unter die Nase oder lässt den Hund darüberlaufen und zeigt ihm eventuell das Kleidungsstück, folgt aber dann relativ rasch dem Hund, der nun, von der Delikatesse angelockt, nach vorne sprinten wird, um die Person mit der zweifellos interessanten Wurst hinter der nächsten Ecke aufzuspüren.

Nun könnte man zu Recht fragen, ob wir damit nicht in dasselbe Fahrwasser geraten wie die von uns zuvor kritisierten Vertreter der Würsteljägermethode, die zweifellos anfangs schnell zum Erfolg führt. Wir wiederholen diese Übung noch ein-, maximal zweimal, aber dann ist endgültig Schluss damit! Mit Schneeketten fährt man nur im Ausnahmefall, wenn nichts anderes mehr zu funktionieren scheint. Und Schneeketten benutzt man weder auf trockenen noch auf regennassen Straßen, da die Ketten an den Reifen bei normalen Straßenverhältnissen eher hinderlich sind. Dasselbe gilt für die Ausbildung von Hunden, auch wenn für die allermeisten Trailer der Einstieg ebenso oder ähnlich ausgesehen hat. Natürlich trailen diese Hunde auch, nur: Wir würden, um bei dem Beispiel zu bleiben, den ganzen Sommer über mit Schneeketten durch die Gegend fahren. Man kommt damit freilich ans Ziel, nur eben weit unbequemer und viel langsamer.

Um es an dieser Stelle ganz klar auszudrücken: Der Hund wird über diesen Umweg jetzt zwar starten, er hat aber den Sinn des Auftrages deshalb noch keineswegs verstanden. Er jagt zu diesem Zeitpunkt lediglich der Wurst hinterher. Daher greifen wir wieder auf die oben erläuterte Methode zurück und sprechen die Neugierde des Hundes an. In diesem Fall sollte dieselbe Person, die auch vorher den Hund angelockt hat, nun versuchen, den Hund um einiges ruhiger und auf kurze Distanz, wie oben beschrieben, auf sich aufmerksam zu machen. Bei der Ankunft wird der Hund vom Hundebesitzer selbst belohnt.

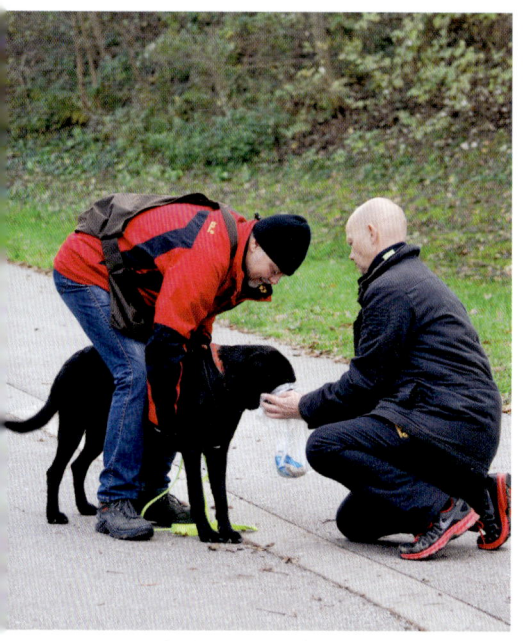

Nach zwei bis drei erfolgreichen Wiederholungen dieses Spiels ändern wir die Parameter. Der Hund wird nicht mehr angebunden, sondern er wird nun von seinem Handler gehalten. Der Hund ist auch hier bereits von Beginn an in seinem Geschirr, die Leine ist vorerst am Halsband eingehakt. Nun geht erstmals eine Hilfsperson vom Hund weg und tut genau dasselbe wie zuvor der Hundehalter selbst. Die Winkel bleiben noch ebenso stumpf wie zuvor, nur hinterlegt die Hilfsperson am Ziel kein Kleidungsstück, sondern bleibt einfach selbst dort stehen. Ist sie verschwunden, wird dem Hund ein Geruchsgegenstand der Hilfsperson präsentiert und das Spiel beginnt von Neuem.

Noch ein wenig Hilfe, bevor sich die Versteckperson entfernt, ...

... doch Winston hat verstanden, worum es geht.

Diese Übung wiederholt man zwei- bis maximal dreimal. Auch hier achtet man darauf, dass der Hund exakt auf dem Weg läuft, auf dem sich die Hilfsperson entfernt hat. Will er aus der Spur ausbrechen, geht man nicht mit und gibt ihm nicht mehr Leine. Sobald er mit seiner Nase wieder der korrekten Spur folgt, lobt man ihn kurz. Bei der Zielperson angekommen, belohnt nicht diese den Hund, sondern der Handler selbst. Wichtig ist hier nicht die Opferbindung, die viele Mantrailing-Ausbildungsmethoden als grundlegend betrachten. Wichtig ist die Beziehung zum eigenen Menschen, zum Teammitglied, mit dem der Hund zusammenarbeitet und das sich mit dem Hund über das Erreichen des Ziels freut.

Schiefgehen kann dabei im Grunde genommen dasselbe wie oben beschrieben, der Hilfsperson muss es einfach gelingen, die Neugierde des Hundes entsprechend zu wecken, was jedoch nicht mehr allzu schwierig sein dürfte.

Der nächste Schritt

Ein Hund in diesem Ausbildungsstadium ist nun vier, maximal sechs Trails gelaufen. Der nächste Schritt bringt wieder eine kleine Veränderung mit sich. Von der Hilfsperson, ab nun auch Versteckperson, Figurant oder Traillayer genannt, nehmen wir mit einer sterilen Gaze Scent, also Geruch ab (wie das genau vor sich geht und wie dieser Scent dem Hund präsentiert wird siehe nächstes Kapitel „Scentgewinnung und Abgabe").

Die Versteckperson entfernt sich nun vom Hund, diesmal allerdings ohne noch großartig auf sich aufmerksam zu machen. Zu Beginn sieht der Hund die Person noch weggehen. Sie verschwindet relativ schnell aus dem Sichtfeld des Hundes um eine Ecke, kurz darauf um eine weitere Ecke.

Ist die Versteckperson außer Sicht und in ihrem Versteck angelangt, wird dem Hund das Geschirr angezogen, der Geruch präsentiert und es folgt das Startkommando. Der Handler geht jedoch noch nicht sofort mit seinem Hund mit, sobald dieser die ersten Schritte macht, sondern gibt die Leine mehr und mehr nach, bis sich diese in nahezu kompletter Länge zwischen ihm und seinem Hund befindet. Bevor die Leine zu Ende ist und der Hund damit ruckartig gebremst werden würde, versucht er möglichst flüssig mit dem Hund in Schritt zu kommen.
Der Hund wird im Regelfall diese einfache Übung problemlos bewältigen und wieder relativ zügig zur Versteckperson gelangen. Dort angekommen gilt dasselbe wie bisher: unbändige Freude des Handlers, fürstliche Belohnung und begeistertes Spiel.

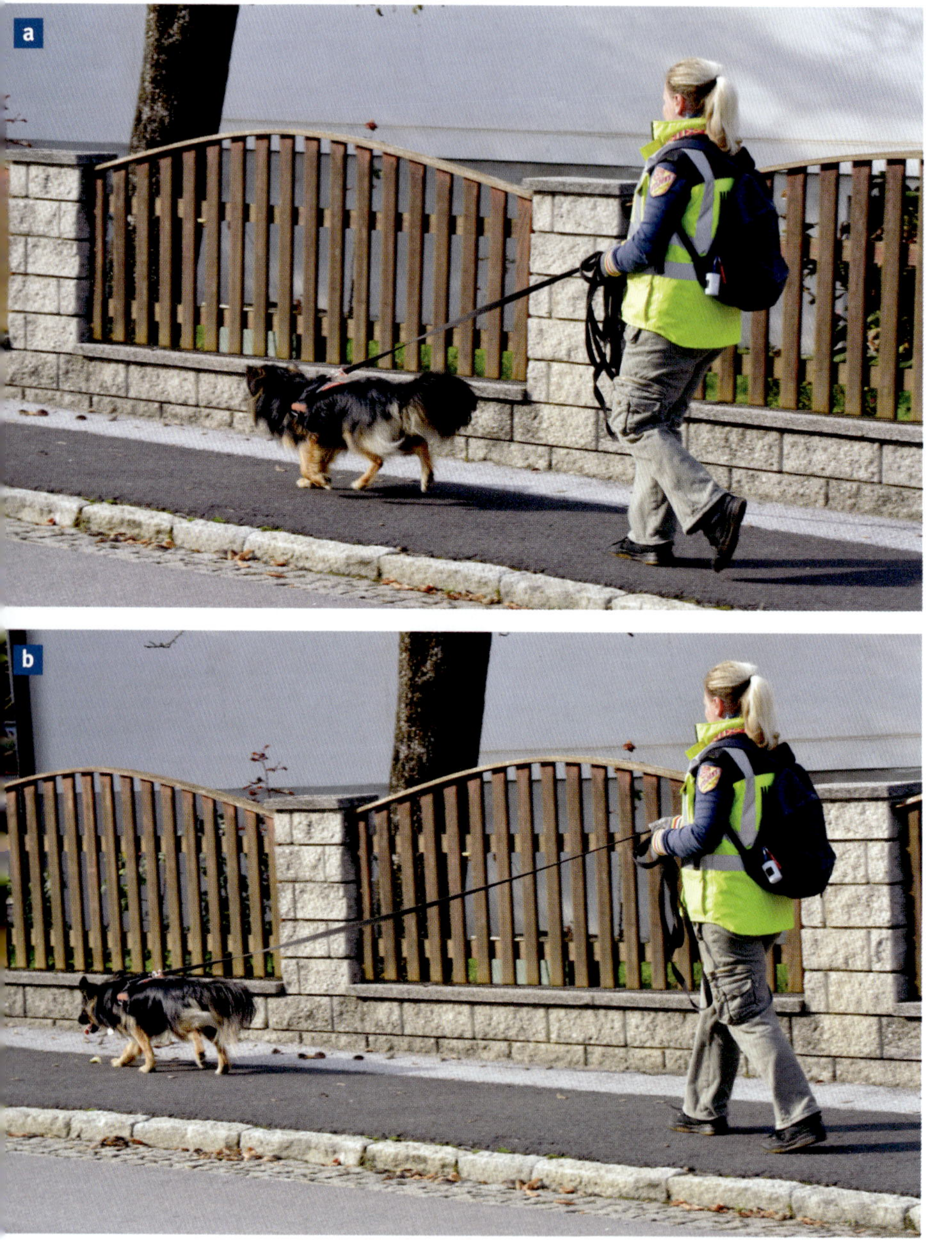
a
b

Langsames und gefühlvolles Nachgeben der Leine ist wichtig.

Die richtige Abgabe des Scentartikels ist von großer Bedeutung.

Nachdem auch diese Übung einige Male erfolgreich wiederholt wurde, schicken wir zwei Personen weg. Der Geruch, der dem Hund präsentiert wird, stammt von einer der beiden Personen. Am Ende, bereits außer dem Sichtfeld des Hundes, trennen sich die Wege der beiden, eine Person geht links, die andere rechts, und die beiden sind schließlich 60 bis 90 Meter voneinander entfernt. Schlägt unser Hund an dieser Gabelung die richtige Richtung ein, können wir schon mal mit 50-prozentiger Sicherheit sagen, dass er seine Aufgabe verstanden hat und zu arbeiten beginnt. Wiederholt man dieses Splitting nun öfter, auch mal mit drei Personen, und der Hund folgt immer der Spur der Person, deren Scent er erhalten hat, haben wir die Bestätigung, dass wir nun einen Trailerlehrling an der Leine haben, der verstanden hat, worum es geht.

Scentgewinnung und Abgabe

Wie wir bereits erläutert haben, ist einer der elementaren Verursacher des menschlichen Eigengeruchs der Schweiß. Schweiß an sich ist eine Mixtur aus mehreren unterschiedlichen höherwertigen Komponenten, wie Kalzium, Magnesium, Sulfaten und Bikarbonaten. Der spezifische Geruch von Schweiß hängt unter anderem auch mit der eingenommenen Nahrung und dem Konsum diverser Genussmittel wie Tabak und Alkohol zusammen.

Der menschliche Körper schwitzt in erster Linie, um seinen Temperaturhaushalt zu regeln. Dabei werden bis zu 500 ml Schweiß pro Quadratmeter Körperoberfläche in der Stunde produziert. Dieser Schweiß, der in erster Linie von den Schweißdrüsen abgesondert wird, ist in der Regel geruchlos. Solche ekkrine Schweißdrüsen finden sich beim Menschen am ganzen Körper. Mit Eintritt in die Pubertät beginnt der Körper neben den ekkrinen auch apokrine Schweißdrüsen zu entwickeln, die sich in erster Linie auf der Stirn, im Bereich der Brustwarzen, am Bauch um den Nabel herum, im Genitalbereich und auch an den Fußsohlen sowie in den Achselhöhlen befinden.

Die Menge der Schweißabsonderung ist je nach ethnischer Zugehörigkeit unterschiedlich. Negroide Typen haben die meisten Schweißdrüsen und die größten apokrinen Drüsen mit einer trüben Sekretion, während der kaukasische Typ weniger Schweißdrüsen aufweist und ein eher klares apokrines Sekret absondert. Orientalische Typen haben die wenigsten Schweißdrüsen und produzieren extrem geringe Mengen apokrines Sekret. Der normale europäische Typ hat durchschnittlich, je nach Körperregion, zwischen 130 und 600 Schweißdrüsen pro Quadratzentimeter zu bieten (Legrum, 2011).

Unter normalen Umständen stößt ein Mensch durchschnittlich 1 bis 1,5 Liter Schweiß pro Tag ab. Versuche haben gezeigt, dass apokriner Schweiß bis zu 14 Tage lang Geruch produziert, obwohl das Sekret an sich geruchlos ist, wenn es den Körper verlässt. Erst nachdem Bakterien und Mikroorganismen ihre Arbeit aufgenommen haben, beginnen sich Gerüche zu entwickeln. Kontaminierte Kleidungsstücke etwa beginnen nach sechs Stunden zu „riechen", nachdem sie mit „sterilem" apokrinem Schweiß in Berührung kamen. Eine Ausnahme können Pubertierende darstellen, deren Schweiß, bedingt durch verschiedene hormonelle Vorgänge, bereits Geruch bilden kann, wenn er den Körper verlässt (John N. Labows et. al., 2011, Kippenberger et al., 2012).

Apokriner Schweiß besteht aus Lipiden, Steroiden, Androgenen, Cholesterol und 300 weiteren Stoffen, die unter dem Einfluss von Corynebakterien, einem typischen Hautkeim, in unterschiedlichem Ausmaß für unseren Körpergeruch verantwortlich sind (Legrum, 2011).

In Sachen Riechleistung kommt der Mensch nicht im Entferntesten an die Fähigkeit eines Hundes heran.

Ein weiterer Bestandteil des apokrinen Schweißsekrets sind Pheromonen ähnliche Substanzen. Pheromone sind Botenstoffe, die der biochemischen Kommunikation zwischen Lebewesen einer Spezies dienen. Auch der Mensch nutzt instinktiv geruchliche Signalstoffe, die mit dem Immunsystem kommunizieren, um sich Partner zu suchen, die ihm nicht nah verwandt sind (assortative Paarung). Frauen ziehen wie Fische und Mäuse Partner mit einem Haupthistokompatibilitätskomplex (MHC) vor, der sich von ihrem eigenen möglichst stark unterscheidet, um ihren Kindern ein stärkeres Immunsystem zu sichern (McDowall, 2005). Männer (und in geringem Ausmaß auch Frauen) emittieren Androstenon, ein Umbauprodukt des Sexualhormons Testosteron, das über die apokrinen Schweißdrüsen („Duftdrüsen") an die Körperoberfläche gelangt. In Versuchsreihen wurde nachgewiesen, dass in Maßen dosiertes Androstenon die Bewertung der Attraktivität von Männern für Frauen leicht verbessert (Legrum, 2011). Selbst wir Menschen sind also in der Lage, Pheromonen nahestehende Stoffe – wenn auch nicht bewusst – zu erschnuppern. Wir können diese Stoffe zwar riechen, aber nicht in der Form wie den Braten in der Küche oder den Stinksack in der U-Bahn neben uns.

Für den Trailer sind diese Tatsachen in zweierlei Hinsicht von Bedeutung. Erstens ist es interessant, dass apokriner Schweiß auch noch bis zu zwei Wochen, nachdem er den Körper verlassen hat, Gerüche erzeugt, zweitens zeigen uns diese wissenschaftlichen Erkenntnisse, an welchen Körperstellen die Geruchsabnahme besonders gute Geruchsträger zur Folge hat.

Der Geruchsträger

Während der ersten beiden Übungen haben wir uns noch mit Kleidungsstücken der Versteckperson begnügt, doch davon werden wir während der gesamten weiteren Ausbildung so weit wie nur möglich Abstand nehmen. Für Ausbildung und Training verwenden wir ausschließlich sterile Gazepads bzw. steril verpacktes

Verbandsmaterial wie Wundauflagen oder Ähnliches. Dabei achten wir darauf, dass diese Artikel stets chlorfrei gebleicht sind. Mit diesen Pads wird der Geruch einer Versteckperson nun an jenen Körperstellen abgenommen, die apokrine Schweißdrüsen aufweisen.

Achselhöhlen sind, sofern der Proband ein Deodorant verwendet, keine geeigneten Stellen zur Geruchsabnahme. Deodorants wirken antibakteriell, was für unsere Zwecke kontraproduktiv ist. Ebenso wenig geeignet sind die Fußsohlen. Viele Schuhe sind antibakteriell vorbehandelt oder mit ebensolchen Einlagen ausgestattet. Da wir mit unseren Füßen ja andauernd Bodenkontakt halten, nehmen sie ungemein viel Schmutz und damit auch Scent von Fremdpersonen auf. Genau auf diesem Boden, auf dem wir uns bewegen, liegen auch Massen von Hautschuppen unzähliger anderer Personen.

Es empfiehlt sich bei Anfängerhunden, die Gazepads nur mit sterilen Einweghandschuhen aus der Packung zu nehmen. Dies sollte die Versteckperson am besten selbst tun, um jegliche Kontaminierung durch Fremdgerüche zu vermeiden. Die Pads sollen für eine Weile, mindestens 5 bis 10 Minuten, direkt am Körper, am besten in der Unterhose oder im BH direkt auf der Haut getragen werden. Je länger man die Pads in der Wäsche stecken lassen kann, umso besser.

Von dort aus befördert man die Pads, wiederum mit sterilen Einweghandschuhen, in sterile Klarsichtbeutel, etwa solche, wie sie zum Einfrieren von Lebensmitteln verwendet werden. Bevor der Beutel locker verknotet wird, spuckt die Versteckperson am besten noch auf das Pad. Auch kann man, bevor man die Pads in den Beutel steckt, den Ellbogen damit abreiben, dort befinden sich die meisten losen Hautzellen. So präpariert mit Schweiß, einer Extraportion Hautzellen und Speichel stellen diese nun ein hervorragendes Geruchsbeispiel für den Hund dar.

So mancher, der schon eine Weile trailt, wird nun einwenden, dass ihm das alles reichlich übertrieben vorkommt. Er habe bislang nur mit Kleidungsstücken, Autoschlüsseln oder Ähnlichem gearbeitet und es hätte schließlich genauso funktioniert. Ja, das mag sein. Wir bevorzugen die Pads, weil wir damit schneller, bequemer und sicherer an unser Ziel kommen.

Um diesen scheinbar unnötigen Aufwand zu rechtfertigen, müssen wir uns wiederum kurz in die Welt der Geruchsbilder begeben.

Stellen wir uns vor, man solle eine spezielle Person aus einer Gruppe von Personen herausfinden, und dies nur anhand eines Fotos von dieser Person, das man zuvor gezeigt bekommen hat. Für die meisten dürfte es kein größeres Problem darstellen, wenn jemand erklärt: „Sieh dir das Bild hier an, präge es dir ein, dann geh in den nächsten Raum und zeige auf die Person, welche du auf dem Foto gesehen hast."

Wenn es sich nun bei dem Bild, das man präsentiert bekommt, um keine saubere Aufnahme handelt, ist das nicht mehr ganz so einfach. Vielleicht wurde zuvor bereits ein Porträt einer anderen Person auf dasselbe Blatt kopiert, das Blatt dann erneut in den Kopierer eingelegt und nun das Porträt der gesuchten Person über das bestehende darüber kopiert. Wurde dieser Vorgang des Öfteren wiederholt, wird es mühsam, die Person aus der Gruppe herauszufinden bzw. wird man wesentlich mehr Zeit dafür benötigen und vielleicht am Ende sogar die falsche Person auswählen.

Ein Hund, der gerade am Anfang seiner Ausbildung steht, wird seine Arbeit als ähnlich schwierig empfinden, wenn ihm nun ein Geruch präsentiert wird, der nicht eindeutig einer Person zuzuordnen ist, sondern aus einer Mixtur unterschiedlicher Gerüche besteht, wie unser mehrfach kopiertes Bild.

Die Versteckperson sollte nun keinesfalls mit dem Geruchsartikel nach Herzenslust herumhantieren, auch wenn er von ihr selbst stammt. Mit den Händen berührt man eine Vielzahl von Dingen, man reicht anderen Menschen die Hand, streichelt andere Hunde usw. Bei jeder dieser Aktionen bleiben Partikel von anderen Menschen an den Handflächen haften. Den Anfängerhund sollte man damit nicht belasten. Den Profihund bei der Realsuche möglichst ebenfalls nicht. Professionelle Trailer im Polizeidienst ziehen bei der Handhabung von Geruchsträgern sogar zwei Paar sterile Handschuhe über, um auszuschließen, dass Partikel ihrer Hände, die am ersten Paar Handschuhe beim Anziehen kleben geblieben sind, auch nur irgendwie mit dem Geruchsträger in Berührung kommen.

Selbst wenn der Hund schon fortgeschritten ist und es bereits an erweiterte Techniken geht, wie zum Beispiel das Erlernen der Kreuzungsarbeit oder die korrekte Unterscheidung von Alt- und Frischspuren, wollen wir sicherstellen, dass der Hund sich voll und ganz auf das nun zu Erlernende konzentrieren kann und keine unnötige Energie mit dem Lösen von Rätseln vergeudet, was zu diesem Zeitpunkt völlig kontraproduktiv wäre.

Natürlich wird in der Praxis nicht auszuschließen sein, dass man mit fremdkontaminierten Geruchsträgern arbeiten muss. Dies kann und soll aber ganz gezielt trainiert werden, denn nur dann ist gewährleistet, dass der Hund seinen Auftrag klar versteht. Ist tatsächlich kein andere Geruchsträger vorhanden als der besagte Autoschlüssel, ein Mobiltelefon oder etwas Ähnliches, so empfiehlt es sich, den Geruch von diesen Objekten zu kopieren. Dazu steckt man das Objekt zusammen mit einigen entfalteten Gazepads in eine Tüte, verschließt diese und lässt das Ganze bei Zimmertemperatur 15 bis 30 Minuten liegen. Sowohl Hautzellen als auch die zugehörigen Mikroorganismen, die sich auf dem jeweiligen Gegenstand befinden, verfangen sich im lockeren Stoff der Pads und die Mikroorganismen finden dort wesentlich günstigere Bedingungen für die Reproduktion vor als auf den kalten glatten Oberflächen der Objekte.

Ein häufig herbeizitiertes und in Realeinsätzen gern als Geruchsträger verwendetes Objekt ist die Zahnbürste des Vermissten. Das einzige Argument, das für die Zahnbürste spricht, ist die unbestrittene Tatsache, dass die Zahnbürste nur äußert selten von anderen Personen außer ihrem Besitzer verwendet wird. Jeder Dentist wird bestätigen, dass die Zahnbürste im Rachen eine Unzahl von Keimen und Bakterien vorfindet und natürlich auch mit aufnimmt. Allerdings hat die verwendete Zahnpasta neben ihrem starken Geruch nach ätherischen Ölen vor allem eine desinfizierende Funktion und soll genau die Mikroorganismen zerstören und abtöten, welche für unsere Suche so wertvoll sind. Da sich am Griff der Zahnbürste nur selten Zahnpasta befindet, sollte man daher – wenn nichts anderes als eine Zahnbürste zur Verfügung steht – den Griff zusammen mit einigen Gazepads in eine sterile Tüte stecken, den Bürstenkopf samt Zahnpastaresten jedoch außerhalb der Tüte lassen und die Tüte oben mit einem Gummiband verschließen, um den Scent vom Griff auf die Pads zu kopieren.

Familiengeruch

Manche Ausbilder wollen dem „Familiengeruch" beim Trailen besondere Bedeutung zukommen lassen. Von Bedeutung ist dabei nur eines: Trainiert man mit Mitgliedern der eigenen Familie, so wird der Hund mit großer Wahrscheinlichkeit hoch motiviert sein, diese zu finden. Das kann sich rächen, sobald man erstmalig mit Fremdopfern arbeitet, da durchaus die Möglichkeit besteht, dass der Hund dieses Spiel ausschließlich mit Mitgliedern der eigenen Familie verknüpft und ihm der Geruch fremder Personen herzlich egal ist. Man sollte sich also darum bemühen, immer wieder verschiedene, möglichst auch dem Hund unbekannte Versteckpersonen zu engagieren.

Die Geschichte, dass Familienangehörige bei der Suche nach einem weiteren Mitglied dieser Familie nicht anwesend sein dürfen, weil der Hund sonst aufgrund des am Startpunkt vorhandenen „Familiengeruchs" nicht suchen würde, gehört ins Reich der Fabeln. Jeder Mensch hat seinen individuellen Eigengeruch, selbst eineiige Zwillinge machen, sobald sie dem Säuglingsalter entwachsen sind und nicht mehr komplett identisch ernährt werden, da keine Ausnahme (Miklósi, 2011). Dieses Gerücht mag seinen Ursprung darin haben, dass bei Realeinsätzen oft die Eltern bei der Suche ihrer Kinder anwesend sind bzw. sein wollen und mit ihrer verständlichen Furcht und Sorge extremen Druck auf die Teams ausüben. Es ist allerdings festzuhalten, dass es prinzipiell sehr schwierig ist, Kinder nach längerer Zeit noch zu finden, da ihrem Geruchsbild diejenigen hormonellen Komponenten fehlen, die dem Hund ermöglichen, ältere Spuren sicher zu verfolgen (siehe Kapitel „Alte Spuren"). Eine ähnliche Problematik finden wir auch bei der Suche nach sehr alten Menschen vor. Erfahrene Hundeführer aus dem Bereich der Trümmersuche können dieses Phänomen bestätigen.

In unseren Seminaren arbeiten unsere eigenen Familienangehörigen übrigens oft als Versteckpersonen, während wir selbst Seminarteilnehmer bei der Suche begleiten, was noch niemals einem Hund auch nur das Geringste ausgemacht hat. Auch die im vorigen Kapitel beschriebene Eigensuche würde niemals funktionieren.

Leichengeruch

Was allerdings einige Hunde wirklich aus dem Konzept bringen kann, ist Leichengeruch. Kommt das Team dem Ziel immer näher und ist die zu suchende Person bereits tot, so weigern sich viele Hunde, näher als 20 bis 30 Meter an die Leiche heranzugehen. Sie weichen immer wieder in einem mehr oder weniger großen Bogen aus. Warum das so ist, vermögen wir nicht zu sagen, obwohl wir dieses Phänomen aus jahrelanger Praxis kennen.

Will man gegen dieses Meiden von Leichengeruch gezielte Trainingsmaßnahmen setzen, so kann man mit der Versteckperson ein altes, bereits in Verwesung befindliches Schweineherz mitverstecken. Dessen Geruch ist dem menschlichen Verwesungsgeruch am ähnlichsten. Dass dies allerdings nicht jedermanns Sache ist, ist uns vollkommen klar.

Die richtige Scentabgabe an den Hund

Im Idealfall legt man den bereits geöffneten Beutel vor den Hund auf den Boden, und zwar gegen den Wind, gegebenenfalls mit einem Stein oder Ähnlichem beschwert, damit er nicht fortgeweht werden kann. Der Beutel liegt nun die ganze Zeit offen vor dem Hund, während man diesem sein Geschirr anzieht, die Leine zurechtlegt und einklinkt. Diese Vorgehensweise wird zum einen Bestandteil des gesamten Startrituals für den Hund, bekommt aber im Laufe der Zeit noch eine ganz andere, hocheffektive Funktion: Schon während der Hund angezogen wird, nimmt er wahr, welcher Geruch ihm gleich darauf im Detail präsentiert werden wird. Erfahrene Hunde wittern währenddessen in Richtung Beutel und blicken sich bereits um. Sie beginnen, sich in ihrer Welt der Gerüche zu orientieren. Häufig kann man beobachten, dass sie wesentlich zielgerichteter abgehen bzw. den richtigen Abgangspunkt schneller finden oder anzeigen, dass es hier nichts zu finden gibt.

Ist der Hund nun vorbereitet, nimmt man die Tüte mit dem Geruchsträger auf und führt sie vorsichtig über seinen Fang. Dabei ist darauf zu achten, dass sein Nasenspiegel nicht direkt mit der im Beutel befindlichen Gaze in Berührung kommt. Die Hände dichten am Fang entlang die Tüte an der Nase ab. Idealerweise beobachtet man nun, wie die Tüte sich mit jedem Atemzug des Hundes

Bereits jetzt zeigt Tinas Kopf in die richtige Richtung.

aufbläht und zusammenzieht. Der Hund sollte hier mindestens drei bis viermal deutlich ein- und ausatmen, was an der Kontraktion und Expansion der Tüte deutlich zu sehen ist.

Ausnahmen kann es geben, wenn dem Hund der Geruch einer vertrauten (Familie) oder bekannten (Seminarkollege, Trainingskollege) Person verabreicht wird. Hier bemerkt man oft, dass die Hunde schon zu wissen scheinen, um wessen Geruch es sich handelt, und dementsprechend ungeduldig reagieren. Danach zieht man die Tüte ab, verstaut sie in einer Tasche und gibt dem Hund das Startkommando.

Häufige Probleme und deren Lösung

■ **Der Handler kann sich nicht über seinen Hund stellen, weil der Hund zu groß ist.**
Klingt lustig, kommt aber immer wieder vor. In diesem Fall sollte man sich seitlich neben den Hund stellen, also in dieselbe Richtung, als würde man über ihm stehen, nur seitlich versetzt, niemals jedoch seitlich zum Hund oder vor den Hund.

■ **Der Hund geht mit dem Fang nicht in die Tüte.**
Das ist eines der häufigsten Probleme. Am besten steckt man zu Hause hin und wieder eine kleine Leckerei in eine ebensolche Tüte und rollt diese anfangs ganz

Geruchsabgabe ohne Stress.

zurück, sodass das Leckerli am Boden der Tüte fast schon bündig mit dem Rand der Tüte ist. Nimmt der Hund das Leckerli, wiederholt man das Spiel, krempelt den Tütenrand aber von Mal zu Mal weniger weit zurück, bis der Hund schließlich mit dem Fang ganz hineintauchen muss, um es zu erreichen. Dabei kann man dann auch schön langsam damit beginnen, ihm die Tüte dabei genauso über den Fang zu halten, wie dies bei der Geruchsabgabe gehandhabt wird. Zeigt der Hund keine Scheu mehr vor der Tüte, versucht man ihm am nächsten Trail den Geruch wie beschrieben abzugeben.

■ **Der Hund geht zwar in die Tüte, wenn Leckerlis darin sind, nicht aber, wenn die Gaze darin ist.**
Wiederum zu Hause, im Wohnzimmer – aber niemals am Trail! – kombiniert man, indem man Gaze und Leckerei in dieselbe Tüte gibt. Diese Leckerli-Übungen sind getrennt zu üben, um dem Tier die Scheu vor dem Beutel zu nehmen. Die Gaze sollte dabei bereits nach Mensch riechen. Man sollte mit dem Geruch eines vertrauten Menschen beginnen, wie etwa einem Familienmitglied. Klappt das dann gut, sollte man eine dem Hund fremde Person um die Herstellung eines Geruchsträgers bitten, damit der Hund sich auch an Fremdgerüche im Beutel gewöhnt.

Geruchsabgabe für hartnäckige Tütenverweigerer.

- **Es hilft alles nichts, der Hund geht nicht mit der Nase in den Sack, was man auch anstellt.**

In diesem Fall hilft nur eine alternative Art der Geruchsabgabe, die aber ebenfalls zuerst im heimischen Wohnzimmer trainiert werden sollte. Man fasst dabei vorsichtig mit einer Hand von unten um den Fang. Niemals von oben, denn das käme einem korrigierenden Schnauzengriff gleich und wäre extrem kontraproduktiv! Mit der anderen Hand greift man die Tüte von außen, hält mit der zurückgekrempelten Tüte den Geruchsträger fest und hält dem Hund das Geruchsbeispiel einige Sekunden bzw. Atemzüge lang knapp vor die Nase, achtet aber auch hier darauf, ihm die Gaze nicht direkt auf den Nasenspiegel zu drücken.

Was nun die Tüten selbst betrifft, so sollten diese ausreichend groß dimensioniert sein. Für große Hunde wie zum Beispiel Deutscher Schäferhund, Malinois, Labrador Retriever usw. sollte man mindestens 6 Liter Fassungsvermögen wählen. Für kleinere Gesellen wie kleine Terrier, Dackel usw. sind etwa 3 Liter große Beutel ausreichend. Oft werden diese praktischen Beutel mit einer Art Zippverschluss angeboten. Gerade dieser Verschluss kann den Hund jedoch unangenehm drücken, wenn man die Tüte um seinen Fang schließt, daher sollte man sich für die andere Variante ohne Verschluss entscheiden.

Prinzipiell ist noch anzumerken, dass wir Beutel niemals zweimal verwenden. Nach einem Trail gehören die verbrauchten Beutel in die Mülltonne.

Leinenhandling und Abgangssuche

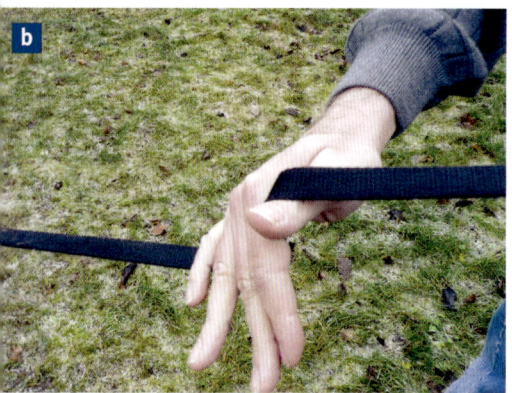

Richtiges Leinenhandling:
a) normale Haltung, b) Haltung zum
Bremsen oder Stoppen.

In unseren Seminaren können wir im Prinzip durch die Beobachtung der Startsequenz eines Trails, auch Abgang genannt, sowie der ersten paar Meter, die das Team zurücklegt, beurteilen, ob es sich um ein gutes oder weniger gutes Team handelt.

Diese Aussage hat nun nichts mit Arroganz zu tun. Tatsache ist, dass der Start bereits zu 50 Prozent über Erfolg oder Misserfolg eines Trails entscheidet. Vermasselt ein Team den Start, weil es nie gelernt hat, wie man richtig wegkommt, läuft es unter Umständen kilometerweit in die falsche Richtung.

Das Leinenhandling, vergleichbar mit der korrekten Fingertechnik und Körperhaltung beim Spielen eines klassischen Musikinstruments, macht einen wesentlichen weiteren Bestandteil für einen erfolgreichen Trail aus. Beherrscht ein Handler die korrekte Handhabung der Leine oder seine eigene Körperhaltung und Position zum eigenen Hund nicht, mutiert er eher zum Mühlstein am Bein des Hundes, ja zum Bremsklotz, anstatt ihm ein hilfreicher Teamkollege zu sein.

Die Bedeutung der Leine und das richtige Leinenhandling

Wenn wir uns der Leine selbst näher widmen, so ist dazu häufig zu lesen bzw. auf vielen Seminaren zu hören, die Leine sei „der Draht zum Hund". Und das war es dann meist auch schon. In gewisser Weise und in bestimmten Situationen ist die Leine tatsächlich der heiße Draht zum Hund, aber in erster Linie ist die Leine auch das größte Handicap, mit dem der Hund bei seiner Arbeit zu leben hat.

Die beste Erklärung dafür liefert der Hund selbst. Betrachten wir einmal einen Hund, der ohne Leine, ohne Geschirr, ohne Einwirkung eines Menschen sich frei bewegend einer Spur folgt, einer Wildspur, der Spur eines interessant riechenden Artgenossen oder was auch immer.

Und dann beobachten wir ihn, wie er versucht, derselben Tätigkeit nachzugehen, wenn wir ihn beim Spaziergang an der Leine führen, egal ob es sich nun um eine Ausziehleine mit 5 Metern, eine Schleppleine oder eine etwas längere, normale Hundeleine handelt.

Wir werden sehr schnell feststellen, dass der Bewegungsablauf des Hundes ohne Leine wesentlich agiler, schneller und flüssiger ist, wenn ihn dieser leidige Strick nicht behindert. Er pendelt während der Suche von links nach rechts, er macht kurze Abstecher zur Seite hin, gefolgt von schnellen 180-Grad-Drehungen, bei welchen der Körper ein fast perfektes U bildet, um darauf nach zwei flotten Schritten wieder kurz in die Richtung einzutauchen, aus welcher er ursprünglich gekommen war, und mit einer erneuten Drehung seinen Weg wieder pendelnd fortzusetzen. Er verharrt kurz an der einen oder anderen Stelle, um keine zwei Sekunden später mit einem lautstarken Ausatmen, das an ein Niesen erinnert, seine Suche fortzusetzen.

An der Leine werden wir diesen Bewegungsablauf niemals in dieser Art zu sehen bekommen. Handelt es sich um eine automatische Ausziehleine

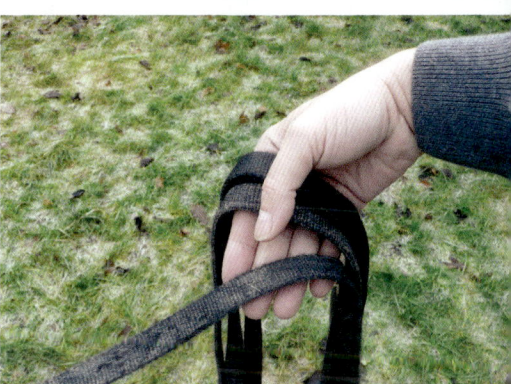

So sehen Schlaufen in der anderen Hand zum Nachgeben oder Verkürzen der Leine aus.

(die fürs Trailen ohnehin nicht in Frage kommt), spürt er einen permanenten Zug. Handelt es sich um eine Schleppleine, hat diese sich in null Komma nichts irgendwie zwischen seinen Beinen verfangen oder bleibt an Ästen, Bäumen oder sonst wo hängen. Auch wenn das Trailen ohne Leine in abgelegenen Gebieten für weit fortgeschrittene Teams durchaus möglich ist, so benötigen wir „den Draht zum Hund" doch zu seiner eigenen Sicherheit und nicht zuletzt, um im Zuge der Ausbildung bestimmte Bewegungsabläufe zu verdeutlichen.

Wenn wir den Hund schon mit Geschirr und Leine ausbremsen müssen, dann sollten wir uns alle Mühe geben, die Behinderung durch uns und die Leine so minimal wie nur irgend möglich zu halten. Dieses Leinenhandling setzt die aktive Bewegung des Menschen voraus, ein permanentes Reagieren auf die Bewegungsabläufe des Hundes und nicht nur ein passives Hinter-dem-Hund-Herlaufen. Der Handler sollte den Hund als Tanzpartner betrachten, der die Führung übernommen hat. Wir müssen uns daher auf seine Bewegungen einlassen, darauf im richtigen Rhythmus und mit dem richtigen Gefühl reagieren bzw. ein vorausschauendes Gespür dafür entwickeln, wie ein gerade ausgeführter Bewegungsablauf weitergehen wird.

Sehen wir in unseren Seminaren also bereits auf ein paar Metern, dass ein Handler, womöglich noch die Leine in nur einer Hand haltend, ohne jegliche Dynamik hinter seinem Hund herstapft, lässt dies bereits deutliche Rückschlüsse darauf zu, wie dieses Team bei der Arbeit harmoniert.

Das korrekte bzw. optimale Handling der Leine steht in direktem Zusammenhang mit der Suche des Abgangs, also dem eigentlichen Start des Trails. Dem Hund wird der Geruchsartikel präsentiert, danach wird die Tüte samt Inhalt in aller Ruhe verstaut. Der Hund steht dabei immer noch zwischen den Beinen seines Menschen bzw. neben ihm. Die Leine ist bereits im Geschirr eingehakt, das andere Ende liegt locker zu etwa 1 m großen Schlaufen aufgerollt in der Hand des Handlers. Nach dem Suchkommando bleibt der Handler an der Stelle stehen, an der er sich gerade befindet. Das einzige, was er dabei zu tun hat, ist zum einen die Leine nachzugeben und zum anderen, dabei nicht zur Salzsäule zu erstarren.

Dieses Nachgeben der Leine ist extrem wichtig. Im Realfall wissen wir in der Regel nicht, in welche Richtung es langgeht, ja, wir wissen oft nicht einmal, ob wir wirklich genau dort starten, wo die vermisste Person bzw. die Person, deren Spur wir suchen, langgelaufen ist, oder es ist nicht einmal geklärt, ob die Person jemals dort war, wo wir uns momentan befinden.

EXKURS: LEINEN LOS?

Ich lebe in einer Gegend, die von Bergen umgeben ist, und ich bin mit meinen Hunden seit vielen Jahren in der Bergwacht tätig. Bei einem besonders schwierigen Einsatz im Gebirge ging es nicht anders, als meinen damaligen Trailer, den ältesten meiner drei Jura Laufhunde, von der Leine zu lassen, um nicht selbst einen Unfall zu riskieren. Ganz wohl war mir nicht dabei, obwohl er eine gute Basis hatte und wir uns wirklich sehr gut kannten. Er lief auf dem Trail wie immer, entfernte sich weiter und weiter und zu meinem Erstaunen drehte er um, kaum dass ich für ihn außer Sicht war, und kam zu mir zurück. Als ob er mir sagen wollte: „Komm schon, ich habe ihn in der Nase!" Hier konnte ich nun zum ersten Mal meinen Hund

sehen, wie er frei und ungehindert das tat, was er gelernt hatte: mit mir gemeinsam der Geruchsspur einer vermissten Person zu folgen. Es war ein unglaubliches Erlebnis.
Schnell habe ich gelernt, auf die kleinsten Regungen meiner frei laufenden Hunde am Trail genau zu achten und sie zu interpretieren. Wenn wir ohne Leine trailen, geben wir ihnen allein durch unsere Stimme Sicherheit. Dieses Vertrauen zueinander kommt nicht von heute auf morgen, sondern es wächst im Laufe des Lebens, durch den Alltag miteinander und auch durch das gemeinsame „Abenteuer", gemeinsam zu trailen. Natürlich haben auch meine Hunde anfangs an der Leine getrailt, ich musste ihnen ja erst mal klar machen,

Frei trailen – der Hund in seinem Element!

was ich von ihnen wollte. Und in bewohnten Gebieten suchen sie nach wie vor an der Leine. In der Stadt hatte ich auch immer den Eindruck, dass sie mir dafür sehr dankbar waren. Ich habe oft gehört: „Frei trailen? Unmöglich. Früher oder später machen die alle Flächensuche." Meiner Erfahrung nach suchen Hunde, die das Trailen wirklich gut gelernt haben, immer nach dem Individualgeruch, der ihnen am Anfang präsentiert wurde, und interessieren sich nicht weiter für andere Personen am Trail, außer um zu differenzieren.

Viele Leute sagen mir auch: „Ach, mit meinem Hund geht das niemals. Wenn der einen Hasen sieht, ist er weg." Wenn der Hund bereits ein leidenschaftlicher Jäger ist, wird die Korrektur wirklich sehr schwierig. Wir müssen ihm klar machen, dass wir interessanter sind als Katzen,

Eichhörnchen und was sonst noch alles vor seiner Nase herumhüpft und dass Weglaufen nicht das ist, was wir von ihm wollen. Keine Frage, das ist nicht einfach, ich traile ja selbst mit Jagdhunden. Ein junger Hund lässt sich aber noch leichter davon überzeugen als ein geübter Jäger, für den ich über längere Zeit eine Schleppleine empfehle.

Wenn wir beabsichtigen, einen zukünftigen Rettungshund auszubilden, dürfen wir es gar nicht so weit kommen lassen. Das erklärt auch, warum wir bei unserer Ausbildung auf der Neugierde des Hundes aufbauen: Da die Befriedigung seines Jagdtriebs – und allein der „Beute" nachzulaufen ist selbstbelohnend – für so gut wie jeden Hund sehr lustvoll ist, werden wir uns hüten, diesen Trieb auch noch zu fördern.

Gabrielle Trautmann Zenoni

Am Abgang

Der Hund muss sich am Abgang von seinem Menschen entfernen. Durch die Distanz bekommt er die Chance, selbstständig die Spur zu finden und die richtige Richtung einzuschlagen. Der Mensch, der sich dabei nicht maßgeblich mit dem Hund bewegt, ist aber dennoch nicht zur absoluten Passivität aufgerufen. Der Hund wird in der Regel mehrere Richtungen abchecken und sich dabei immer wieder mal weiter entfernen, mal näher herankommen. Die Leine sollte dabei nicht am Boden schleifen, aber auch nicht wie eine Klaviersaite gespannt sein. Hier ist also ein ständiges Mitdrehen entsprechend den Richtungswechseln des Hundes gefordert ebenso wie ein ständiges Einholen und Herauslassen der Leine, um ihm den Platz zu sichern, den er benötigt. Auch hier ist darauf zu achten, dass die führende Hand stets in Höhe des eigenen Bauchnabels bleibt, während die andere kontinuierlich damit beschäftigt ist, die Leine aufzunehmen bzw. wieder nachzugeben.

Ausschlaggebend am Abgang: stehen bleiben und den Hund die Richtung suchen lassen.

Erst wenn der Hund in eine Richtung deutliche Körperspannung und einen energischen, bestimmten Zug über die Leine zeigt, folgt der Handler seinem Partner, keinesfalls vorher. Zu Beginn weiß der Handler im Training immer, in welche Richtung die zu suchende Person verschwunden ist und setzt den Hund in einer Entfernung zu dieser Spur an, welche durch die Länge der Leine abgedeckt werden kann.

Solange es noch darum ging, den Hund überhaupt auf einen Trail zu bringen, war der Hundehalter angehalten, möglichst schnell mit seinem Hund auf die Strecke zu kommen, damit dieser auf keinen Fall die Konzentration auf die von seinem Menschen zuvor inszenierten Interessenspunkte verliert. Wir vermeiden das Risiko, dass sich dieses Verhalten von Mensch und Hund für die weitere Zukunft verfestigt und der Mensch, sobald er dem Hund den Geruchartikel präsentiert hat, sofort hinter ihm nachstürmt, indem wir uns auf ein paar wenige Übungen dieser Art beschränken. Wird dieser Ablauf über längere Zeit beibehalten, schleicht sich der hier unerwünschte Effekt der klassischen Konditionierung ein.

Häufige Fehler

Erinnern wir uns: Die Richtung, in die wir den Hund ansetzen, wird durch den Wind bestimmt, der Beutel mit dem Geruchsartikel liegt während des Anschirrens vor dem Hund und der Hund sieht dabei immer in die Richtung, aus welcher der Wind kommt.

Viele Trailer machen nun den Fehler, den Hund auch weiterhin immer genau auf der Spur anzusetzen, und zwar bereits in der richtigen Richtung. Für den Hund wird es zur Selbstverständlichkeit, dass es in diejenige Richtung geht, in die er den sprichwörtlichen ersten Schritt macht, da sein Mensch ihm sofort folgt und ihn damit quasi auch in diese Richtung schiebt. Im Training mag er damit noch richtig liegen, im Realeinsatz oder bei einer Überprüfung, wenn weder Handler noch Hund noch Begleitpersonen eine Ahnung davon haben, wie der Trail tatsächlich verläuft, wird der Hund sich dann allerdings genauso verhalten, wie es ihm sein ganzes Trailleben lang (falsch) beigebracht wurde.

Beginnen wir nicht frühestmöglich mit der korrekten Abgangstechnik, bei der der Hund die Spur zuerst selbständig finden muss, bevor er durchstarten darf und sein Partner ihm folgt, gelangen wir zu dem – für Realsuchen verheerenden – Resultat, dass der Start danebengeht.

Nach einigen Metern stellt der auf Spurrichtung konditionierte Hund zwar fest, das hier nichts von dem Geruch zu finden ist, welchen er suchen soll, der energische Schritt des Zweibeiners hinter ihm aber vermittelt ihm die Sicherheit, hier weiterlaufen zu müssen. Kommt noch der Umstand hinzu, dass viele Trailer oft gar nicht sagen können, wann ihr Hund wirklich sucht, also arbeitet, und wann nicht, ist die Sache eigentlich schon gelaufen. Der Hund beginnt sich schon nach relativ kurzer Zeit allen möglichen anderen interessanten Gerüchen zuzuwenden, der Mensch dahinter hat immer noch den Eindruck, der Hund würde arbeiten, und folgt ihm tapfer bis ans Ende der Welt.

Hat das Team nun eine Rettungsmannschaft im Tross, so folgt auch diese zuversichtlich in eine komplett falsche Richtung. In der Zeitung lesen wir einige Tage später, dass die vermisste Person trotz intensiven Einsatzes von Spürhunden nicht gefunden werden konnte. Nach weiteren Tagen ist zu lesen, die Person sei etwa 100 bis 200 Meter vom letzten bekannten Aufenthaltsort entfernt tot in einem Feld oder Wald von Joggern aufgefunden worden. Den Hund trifft da keine Schuld. Er hat exakt das wiederholt, was er in unendlich vielen Trainingseinheiten gelernt hat.

Oft wird auch der Fehler begangen, mit den Hunden bereits viel zu früh viel zu lange oder viel zu alte Trails zu laufen. Der Abgang ist noch nicht wirklich Routine geworden und schon werden dem Hund am weiteren Trailverlauf Kreuzungen, Unterführungen, schwierige Untergründe und das Differenzieren von Personen usw. zugemutet. Wir folgen hier dagegen einem strukturierten, klar aufgebauten Ausbildungsplan, der sich auf jahrzehntelange Erfahrung in der Suchhundeausbildung stützt und der sich bewährt und viele absolut verlässliche Teams hervorgebracht hat.

Umgang mit schnellen Hunden

Vor allem jüngere Hunde und Hunde, die neu mit dem Trailen begonnen haben, neigen ebenso wie besonders temperamentvolle Exemplare dazu, beim Trailen ein Tempo vorzulegen, das korrektes Leinenhandling wie hier beschrieben nahezu unmöglich macht. Auch jagdlich ambitionierte Hunde, vor allem jene, die zu den Hetzjägern zählen, neigen zu diesem Verhalten. Nicht nur, dass ein zu hohes Tempo ausgesprochen unangenehm für den Handler ist, mit der Überschreitung einer annehmbaren Geschwindigkeit steigt auch das Risiko, dass der Hund in seinem Übereifer Abzweigungen überläuft oder sich selbst und andere im Straßenverkehr in Gefahr bringt. Das ist der Grund dafür, dass wir dem Hund niemals nachlaufen, sondern ihm eine Gehgeschwindigkeit anbieten, die uns noch Zeit zur Orientierung und zum Überlegen gibt.

Zum einen sei dem geplagten Handler hier gesagt: Geduld. Sie alle werden im Laufe der Zeit langsamer. Das war die gute Nachricht. Die schlechte Nachricht lautet, dass man diese Zeit nicht einfach aussitzen kann.

Die Erfahrung bestätigt die Regel, dass die Hunde automatisch langsamer werden, wenn man den Schwierigkeitsgrad erhöht. Sich einfach nur über immer längere Trails vom Hund hinterherschleifen zu lassen, in der Hoffnung, dass der Hund doch irgendwann müde werden müsse, hat höchstens den gegenteiligen Effekt: Der Hund gewöhnt sich an den starken Zug an der Leine über längere Strecken und baut damit auch noch Kraft und Kondition auf. Zu schnellen Hunden legen wir kurze Trails, die alle paar Meter einen Winkel aufweisen, am besten noch durch Hausmauern begrenzt, sodass der Hund die Winkel nicht überrennen kann wie zum Beispiel auf freier Flur oder im Wald.

Auch kann man die Spur gern mal ein paar Stunden liegen lassen, bevor man den Hund auf den Trail schickt. Bei höherem Spuralter muss der Hund – vorausgesetzt, er hat bereits prinzipiell verstanden, worum es beim Trailen geht – erheblich konzentrierter arbeiten und kann schon allein aus diesem Grund kein Sprint-Tempo vorlegen.

Schnelle Hunde sind am Trail schwierig zu handeln.

Da Ausnahmen bekanntlich die Regel bestätigen, gibt es auch jene Kameraden, welche sich durch gar nichts dergleichen beeindrucken lassen und vom Start bis zum Ziel wie ein hektisch herumhüpfender Gummiball von links nach rechts und von vorne nach hinten zerren und dem Handler alles an physischer und psychischer Energie abverlangen, was er zu bieten hat.

Für diese Hunde ist zunächst etwas Erziehung angesagt. Droht der Hund bereits vor Erregung zu platzen, wenn man ihn aus dem Auto holt, braucht ihn der Handler erst gar nicht am Trail anzusetzen. Zuerst muss sich der Hund in einem ansprechbaren Zustand befinden. Wenn wir den Erregungslevel eines Hundes auf einer Skala von 0 bis 100 betrachten, wobei wir 0 mit Schlafen gleichsetzen und 100 mit seiner Aufregung, wenn ihm nur noch der eine Meter auf den Hasen fehlt, dem er gerade hinterher ist, oder wenn er mitten in einer zünftigen Rauferei mit einem Artgenossen steckt, so muss man sich vor Augen halten, dass der Hund mit einem Level über 50 gar nicht mehr empfänglich für irgendwelche ausbildnerischen Maßnahmen seitens seines Hundeführers ist.

Idealerweise bringt man ihn auf 15 bis 25 herunter und beginnt erst dann mit der Arbeit. Wenn seine Aufmerksamkeit nicht zu zumindest 60 Prozent auf den Handler gerichtet ist, wird der Hund weder für uns wirklich ansprechbar noch lernfähig sein.

Zischt er auch aus einem niedrigen Erregungsniveau gleich nach dem Startkommando los wie eine Rakete, so bremst man ihn ein, indem man die Leine verkürzt und das eigene Tempo zurücknimmt, und geht den Trail keinesfalls weiter. Erst wenn man erreicht hat, dass der Hund gesittet startet, kann man dem weiteren Trailverlauf folgen.

Er wird dann sehr bald wieder immer schneller und schneller werden. Hier muss der Handler geduldig seine Strategie beibehalten, die Leine verkürzen, das eigene Tempo zurücknehmen und seine eigene Vorstellung von vertretbarer Geschwindigkeit in aller Ruhe durchsetzen. Daher sollten die ersten Trails noch nicht zu lange sein. Wenn der Hund die direkte Witterung aufnimmt, wird er nochmals an Tempo zulegen wollen. Als Versteckperson sollte in solchen Fällen eine Person gewählt werden, die den Hund durch ihr passives Verhalten schnell wieder zur Ruhe, das heißt auf ein Level von 30 bis 40 bringen kann. Erst wenn er ruhig ist, bekommt er die verdiente Belohnung.

Hat man nun Start und Ankunft im Griff, baut man die Trails kontinuierlich in der Länge aus. Sobald er auf dem Trail wieder außer Kontrolle zu geraten scheint, stoppt man komplett, notfalls indem man die Leine kurzfristig um einen Ast oder Zaunpfahl oder was immer sich anbietet wickelt. Selbst beschäftigt man sich mit anderen Dingen, man bindet sich die Schuhe oder betrachtet Bäume

Vollgas – aber bitte in der Freizeit!

oder Vögel und zeigt kein Interesse an dem aufgeregten Hund. Diese Pausen können kontinuierlich ausgedehnt werden (siehe auch Kapitel „Pausen, richtig rasten will gelernt sein") Ist der Hund wieder zur Ruhe gekommen, arbeitet man mit ihm weiter.

Wenn man, wie oben beschrieben, den ruhigen Ablauf am Start bereits geklärt hat, so wird er ohne große Aufregung von Neuem starten und sich wieder kontinuierlich hochschrauben. Wird dem Handler der Erregungslevel zu hoch, so legt er einfach wieder eine Pause ein.

Bleibt der Handler beharrlich, so wird der Hund bald begreifen, dass ihn sein Sturm- und Drangverhalten keinesfalls schneller ans Ziel bringt, sondern eher das Gegenteil bewirkt. Wenn er sich gesittet benimmt, fallen auch diese lästigen zeitverzögernden Unterbrechungen weg, was unterm Strich auch aus der Sicht des Hundes effizienter ist.

Der erste echte Trail

Bei den ersten Übungen haben wir den Hund auf der Grundlage seiner angeborenen Neugierde auf unsere eigene Spur „gelockt". Diese erste Aufgabe, die
der Vermittlung des Auftrages an den Hund gedient hat, sollte erfolgreich abgeschlossen sein. Der Hund hat im zweiten Schritt dieser Übung die Fremdperson
mit demselben Eifer gesucht und ist natürlich ebenfalls zum Erfolg gekommen.
Andernfalls macht der nächste Schritt wenig Sinn. Das gilt im Übrigen für jeden
weiteren Schritt der Ausbildung: Hat der letzte Schritt nicht funktioniert und zeigt
die dafür beschriebene Überprüfung der jeweiligen Lektion ein negatives Resultat, ist es zwecklos, unter dem Motto „Das lernen wir dann eben ein andermal"
mit der nächsten Übung zu beginnen.

Die Versteckperson für Brisco wartet gleich um die Ecke.

Für die nächste Stufe unserer Ausbildung ändern wir wieder ein paar Parameter. Die Versteckperson entfernt sich vom Hund. Er kann sie noch weggehen
sehen, sehr bald aber geht sie um eine Ecke, um aus dem Sichtfeld des Hundes
zu verschwinden. Einmal außer Sicht, geht sie vielleicht noch maximal 20 bis 30
Meter weiter, um erneut hinter einer Ecke abzubiegen und dort dann zu warten,
bis der Hund ankommt. Diese Übung soll unbedingt noch auf natürlichem Boden
durchgeführt werden. Bitte noch nicht auf Asphalt oder betonierten Untergrund
wechseln.

Unser Team steht nun nicht mehr fertig angeschirrt parat, sondern praktiziert den Ansatz und den korrekten Abgang, wie in den beiden Kapiteln zuvor beschrieben: Windrichtung überprüfen, Tüte vor den Hund gegen den Wind auf den Boden legen, Hund ins Geschirr, Geruch abgeben, Tüte wegstecken, Suchkommando geben, Leine nachgeben und erst mitgehen, wenn der Hund deutlich in die korrekte Richtung zieht.

Häufige Probleme und deren Lösung

- **Der Hund kommt einfach nicht in die Gänge. Er kreiselt um den Hundeführer herum und scheint nicht zu wissen, was von ihm erwartet wird. Die häufigsten Ursachen dafür sind unserer Erfahrung nach die folgenden:**
1) Die letzte Übung liegt zu weit zurück.
2) Der Geruchsartikel war schlecht präpariert. Wie zuvor beschrieben, sollte ausschließlich mit sauber hergestellten Geruchsartikeln gearbeitet werden. Für unseren Anfängerhund ist es von Vorteil, wenn die Versteckperson die Pads extra lange in der Unterwäsche belässt, zusätzlich auch noch den Ellenbogen oder die Stirn damit abreibt und auch draufspuckt, bevor wir den Geruchsträger eintüten.
3) Der Geruch wurde zu kurz an den Hund abgegeben. Der Hund wollte seine Nase nicht in den Beutel stecken oder hat sie zu schnell wieder herausgezogen. Er braucht einige Sekunden, um den Geruch ganz aufzunehmen und „abzuspeichern". Selbst wenn man sich in der Anfangsphase mit einem kurzen Anschnuppern begnügt und der Hund die Person auch findet, sollte sich der Handler nicht damit zufriedengeben. Das wird sich spätestens dann rächen, wenn die Trails länger und vor allem komplizierter werden.
4) Die Basisübungen haben doch noch nicht so wirklich geklappt. In diesem Fall muss sich der Handler eingestehen, einfach zu schnell vorgegangen zu sein, und wieder an diesen Übungen arbeiten, bis sie tatsächlich sitzen.
5) Keine der beschriebenen Ursachen treffen zu, der Hund kommt einfach nicht auf die Spur. Dann helfen wir ihm eben. Teamgeist ist angesagt! Eine kurze Geste mit der Hand in die richtige Richtung, begleitet von einem freundlichen, aufmunternden „Wo ist er hin? Zeig's mir mal!" sollte dem Hund auf die Sprünge helfen. Zieht er dann in die richtige Richtung, kann das gern mit „Fein gemacht!" bestätigt werden.

- **Der Hund schnüffelt andauernd irgendwo herum.**
Er läuft zwar am Trail, wie er soll, bleibt aber alle paar Meter stehen und begutachtet Laternenmasten, Bäume und jede Art von Gebüsch. Ein Hundebesitzer sollte seinen Hund soweit kennen, dass er sofort intuitiv beurteilen kann, was

der Hund eigentlich tut. Ist er bei der Sache oder interessiert er sich für andere Dinge? In Gedanken sollte man 2,5 Sekunden abzählen, also „einundzwanzig, zweiundzwanzig, dreiund ...", und genau bei „und" von „dreiundzwanzig" ein deutliches „Nein! Weiter!" folgen lassen. Geht er nicht gleich los, unterstreichen wir das nächste „Nein! Weiter!" mit einer Geste oder Bewegung, die dem Hund klarmacht, dass die Ermahnung ernst gemeint ist. Wir unterbrechen die Privatschnüffeleien des Hundes, indem wir das Objekt seines Interesses körpersprachlich blockieren. Wir stellen uns zwischen Hund und Laternenpfahl, schieben ihn sanft, aber bestimmt mit einem Bein von dem mit Sicherheit äußerst anziehenden Geruch weg und brechen damit seine Aktivitäten ab.

Es ist durchaus in Ordnung, wenn der Hund die eine oder andere Ecke näher untersucht, schließlich wissen wir im Realeinsatz auch nicht, ob die gesuchte Person eventuell an diesem Punkt eine Zeitlang verweilte, ausgespuckt hat, niesen musste oder Ähnliches. Nachdem wir Menschen uns aber davon überzeugen können, dass die gesuchte Person nicht gerade hier an diesem Laternenpfahl oder Baum hängt, gibt es auch keinen Grund, damit viel Zeit zu vertrödeln. Dem Hund muss klar gemacht werden, dass, sobald er sein Geschirr trägt, der Arbeitsmodus angesagt ist und wir keine Lust auf Nonsens haben. Spielen gibt es nach getaner Arbeit, dafür umso ausgiebiger.

■ Der Hund pinkelt alle paar Meter.

Im Prinzip gilt dafür dasselbe wie für das Herumschnüffeln. Zwar sollten die Hunde sich vor der Arbeit gelöst haben bzw. die Möglichkeit dazu bekommen haben, aber es ist durchaus möglich, dass Aufregung, Nervosität und die neuen Umstände dazu führen, dass er gleich nach dem Start nochmals „muss". Das ist ohne Weiteres einmal zu vertreten. Einmal, wohlgemerkt. Steht er also da und lässt wirklich eine imposante Menge an Wasser ab oder muss sich anderweitig lösen, ist es offensichtlich, dass es ihn gedrückt hat. Aber die andauernden Pinkelspritzer verbieten wir ihm von Anfang an. Diese anderweitige Beschäftigung ist ein klares Zeichen dafür, dass er nicht arbeitet, sondern sich anderen interessanten Gerüchen widmet und albern herummarkiert. Wir verfahren mit ihm also wie mit dem oben beschriebenen Schnüffler. Auf dem Rückweg allerdings sollte man ihm genügend Zeit und Gelegenheit geben, seinen Bedürfnissen wieder nachzukommen.

Ist der Hund nun bei der Versteckperson angekommen, bestätigt ihn sein eigener Mensch mit viel und großer Freude. Spielen, herumtollen, mit Leckereien bestätigen, alles, was das Repertoire hergibt. Und nochmals: hier nicht geizen, weder mit Emotionen noch mit Futter! Das Ende des Trails muss für den Hund ein Fest sein, er muss den Eindruck bekommen, etwas ganz Großartiges geleistet zu haben.

Entscheidend ist auch bei dieser Übung, die man nun noch ein- oder zweimal wiederholen sollte, dass der Hundeführer ganz genau weiß, wohin die Versteckperson gegangen ist und vor allem, wie sie dorthin gegangen ist. Solange der Hund ziemlich genau auf dieser Spur läuft, folgt man ihm einfach, und zwar bemüht man sich dabei, immer exakt hinter dem Hund zu gehen. Da unsere Spur sehr frisch ist, gibt es auch keinen Grund für den Hund, großartig davon abzuweichen. Er soll so spurtreu wie möglich laufen. Will er sich davon entfernen, bleibt man einfach stehen und geht nicht mit ihm mit. Er muss lernen, auf dieser Spur zu bleiben und mit guter Körperspannung und deutlichem Zug an der Leine zu zeigen, dass er auf der Spur ist.

Überprüfung mit Verleitperson

Die Übung kann nun vorsichtig ausgebaut werden, indem sich die Versteckperson immer ein wenig weiter weg entfernt. Winkel und Ecken nehmen wir nur langsam und behutsam dazu. Seinen Auftrag sollte der Hund mittlerweile verstanden haben. Nun gilt es, dieses Verständnis erst mal zu festigen – also werden wir noch keine weiteren Schwierigkeiten einbauen, bevor wir nicht mit Sicherheit wissen, dass der Hund diese Ausbildungsstufe positiv abgeschlossen hat.

Zur Überprüfung schicken wir nun zwei Personen weg, eine Geruchsprobe haben wir jedoch nur von einer Person. Beide Personen sollten ungefähr gleich schwer sein und etwa dieselbe Schuhgröße haben, damit wir feststellen können, ob unser vierbeiniger Freund sich nicht ausschließlich an den Bodenverletzungen orientiert. Die beiden entfernen sich wie üblich. Die zweite Person, jene also, von der wir keine Geruchsprobe haben, die sogenannte Verleitperson, macht in keiner Weise besonders auf sich aufmerksam. Sie geht einfach mit der Versteckperson zusammen weg.

Wenn die Versteckperson am letzten Winkel des Trails nach links abbiegt, biegt die Verleitperson an dieser Stelle nach rechts ab. Die beiden Personen sollten am Ende etwa 60 Meter voneinander entfernt sein. Der Hund soll die Verleitperson an diesem Splitpunkt auf keinen Fall sehen können. Der Handler muss unbedingt wissen, an welchem Punkt die beiden sich getrennt haben und in welche Richtung die Versteck- und auch die Verleitperson gegangen ist.

Biegt der Hund am Trail dann an dieser Stelle richtig in die Richtung der Versteckperson ab, ist alles bestens. Entscheidet er sich an der Gabelung jedoch für die falsche Richtung, geht man nicht mit ihm mit und bleibt an der Gabelung stehen. Man gibt so viel Leine nach, wie er benötigt, er soll seine Chance bekommen, selbst zu bemerken, dass er gerade den falschen Weg eingeschlagen hat. Stellt man dann fest, dass der Kopf plötzlich nach oben geht, eventuell auch die Rute, und der Hund langsamer wird, bleibt man geduldig und wartet kurz ab: In aller Regel wird der Hund innerhalb der nächsten Momente eine 180-Grad-Drehung vollführen und zum Handler zurückkommen. Jetzt heißt es schnell reagieren, zur Seite treten, den Hund nicht blockieren und Leine einholen. Der Hund passiert den Handler und schlägt den richtigen Weg ein. Sofort die Leine wieder rauslassen, und wenn er nun zügig voranzieht, ein kurzes verbales Lob und dem Hund folgen.

Wenn nun bei dieser Übung der eine Hund schnurstracks in die richtige Richtung zieht, während der andere wie oben beschrieben zuerst mal in die falsche Richtung geht, bedeutet dies nicht, dass der erste besser wäre als der zweite. Im Gegenteil, Handler mit Hund Typus zwei lernen hier bereits ein wichtiges körpersprachliches Signal des Hundes kennen, nämlich den Ausschluss einer negativen Option, kurz nur „Negativ" genannt.

Bei dieser Übung ist unbedingt zu beachten, dass man mit sauber und hochwertig hergestellten und absolut unkontaminierten Geruchsträgern arbeitet. Schließlich wollen wir feststellen, ob unser Hund wirklich verstanden hat, dass er den richtigen Geruch aus einer Vielzahl von möglichen Gerüchen herausfiltern soll.

Der Hund nimmt auf diesem Trail Folgendes wahr: „Ich habe Person A und Person B am Boden, A und B, A und B", und zusätzlich vermischen sich die Gerüche beider Personen auch noch. Dazu kommen die Bodenverletzungen, welche beide hinterlassen haben. Er folgt also diesem Gerüchemix von A und B und behilft sich eventuell auch noch mit den Bodenverletzungen. Am Gabelungspunkt, wo beide sich getrennt haben, kommt die entscheidende Wahrheit ans Tageslicht: Schummelt er über die Bodenverletzungen oder hat er wirklich verstanden, dass er dem einen Geruch folgen soll, der ihm präsentiert wurde? Reicht seine Konzentration nach der zurückgelegten Strecke noch aus, um jetzt richtig zu differenzieren und zu entscheiden, wo es wirklich langgeht?

Die Übung sollte mehrmals wiederholt werden, eventuell auch mit drei oder vier Personen. Bei einer weiteren Abwandlung der Übung sieht der Hund noch beide Personen weggehen. Die Verleitperson macht gezielt auf sich aufmerksam, während die eigentliche Versteckperson sich ganz ruhig und teilnahmslos verhält. Klappt auch dieser kleine Test, ist das Team soweit, den nächsten Schritt anzugehen.

Was am Trail so alles nervt: Probleme und Lösungen

Schummler, Faulenzer, Hallodris und andere Schöngeister – damit sind nicht die Personen gemeint, deren Spur wir verfolgen sollen, hier geht es um unsere Hunde. Denn so sehr jeder stolze Handler der Überzeugung sein mag, dass er den Superhund hat, so sehr müssen wir ihn auf den Boden der Realität zurückholen. Wir sagen nur so viel: Hunde sind Opportunisten. Sie tun alles Mögliche, um uns zu gefallen, doch von Natur aus ist es ihnen relativ egal, wie sie dieses Ziel erreichen – je weniger Aufwand, desto besser.

Das betrifft zum Beispiel die Schummler. Es gibt da aber auch noch diejenigen, die landläufig als Faulenzer betrachtet werden. Viele Leute machen heute den Fehler, ihre Hunde zu überfordern – nicht in punkto Kondition oder intellektueller Leistung, nein, in Form von schlichtem Termin- und Freizeitstress: montags Agility, dienstags Obedience, mittwochs Breitensport, donnerstags Dog Dancing oder Flyball und übers Wochenende von Freitag bis Sonntag wird dann getrailt. Selbst wenn der Wochenplan nur zwei der genannten Disziplinen beinhaltet, aber die ganze Woche nahezu täglich mit Hundebeschäftigung ausgereizt ist, ist das zu viel für die Hunde. Sie sind nicht faul, sie können einfach nicht mehr. Ein Hund ist nämlich eigentlich ein äußerst gemütliches Geschöpf. Er braucht im Schnitt 16 bis 18 Stunden Schlaf am Tag.

Das variiert natürlich von Rasse zu Rasse; ein Bayrischer Gebirgsschweißhund hat einen gemächlicheren Charakter als zum Beispiel ein Border Collie, was aber noch lange nicht bedeutet, dass ein Border über die ganze Woche hinweg bespaßt werden muss, nur damit er ausgelastet ist.

Schlafen zählt zu den Grundbedürfnissen.

Egal welche Rasse – Ruhephasen brauchen sie alle.

Die in der einschlägigen Literatur und in vielen Hundeschulen propagierte Ansicht, dass man seinen Hund beschäftigen muss, kippt bei vielen zweibeinigen Zeitgenossen dann gern von einem Extrem ins andere. Entweder wird gar nichts mit dem Hund unternommen und er fristet ein Dasein wie eine Stehlampe mit vier Beinen – hin und wieder mal angeknipst, ansonsten links liegen gelassen – oder sein ausgeklügelter Zeitplan artet in einen Terminstress aus, der so manchen Topmanager dagegen dastehen lässt wie ein Kindergartenkind. So gesehen sollte man hier also weniger vom „Faulenzer" sprechen, als vielmehr den neuen Begriff B.O.D. einführen: „Burn-out-dog".

Die Schöngeister und Hallodris sind jene, die sich am Trail von allem und jedem ablenken lassen und denen alles andere wichtiger erscheint, als konzentriert zu arbeiten. Ein solcher vielseitig interessierter Hund, der am Trail plötzlich etwas für ihn wesentlich Faszinierenderes in die Nase bekommt, schaltet blitzartig um und geht diesem neuen Reiz nach, ohne dass der Mensch hinter ihm auch nur den geringsten Unterschied ausmachen könnte und nicht merkt, ob der Hund nun auf dem Trail ist oder nicht. Schließlich bewegt er sich in der gleichen Art und Weise und mit derselben Hingabe fort wie kurz vorher noch auf dem Trail, nur verfolgt er nun eben eine weit verlockendere Hasenspur. Und der Mensch läuft mit.

Wie man die Probleme abstellt

Die folgenden Tipps dienen dazu, den Nebenwirkungen von Opportunismus wie Unwillen, mangelnde Konzentration usw. so früh wie möglich Einhalt zu gebieten oder, sofern diese für uns unwillkommenen Strategien, die unsere Hunde

EXKURS: SUCHT MEIN HUND MIT DER NASE ODER DEN AUGEN?

Das ist eine schwierige Frage. Als Handler hat man nämlich bestenfalls den Hinterkopf seines Vierbeiners im Visier, sobald man auf dem Trail ist. Ein guter Indikator für das Suchen mit den Augen ist ein hoch erhobener Kopf. Allerdings wird der Hund gerade auf frischen Fährten und unter bestimmten Voraussetzungen nicht mit tiefer Nase suchen, sondern mit erhobenem Kopf, da er durch eine Art Geruchstunnel wandert (siehe Kapitel „Scent und Umwelt").

Auch wenn der Hund mit sehr tiefer Nase sucht, wird er von Zeit zu Zeit den Kopf heben, um sich zu orientieren, wo er eigentlich ist. Das ist durchaus in Ordnung. Er muss sich von Zeit zu Zeit auch visuell orientieren, um zu sehen, wo er überhaupt hinläuft, um nicht vor lauter Eifer gegen einen Baum oder eine Laterne zu stoßen (ist alles schon vorgekommen). Bleibt er aber öfter stehen, dreht den erhobenen Kopf und sieht sich um, ist dies meist ein Zeichen dafür, dass er versucht, ähnlich wie ein Flächensuchhund über den Hochwind Witterung zu bekommen, dass er abgelenkt ist oder dass er eben nach der Versteck-person Ausschau hält – und genau das sollte man ihm nicht erlauben. Weil wir im Training bekannte Trails gehen und damit genau wissen, ob es hier etwas zu sehen gibt, ob die Versteckperson eventuell schon in unmittelbarer Nähe ist, wo dieses Ausschauhalten akzeptabel wäre, oder ob sie aber noch weit entfernt ist, haben wir die Gelegenheit, dieses unerwünschte Verhalten zu korrigieren. Ein bestimmtes „Weiter" soll den Hund wieder in den gewünschten Arbeitsmodus bringen.

Wann immer man bemerkt, dass der Hund nicht mit der Nase sucht, sondern sich auf seine Augen zu verlassen beginnt, muss dieses Vorhaben sofort unterbunden werden. Andernfalls hätte man auf offener Fläche, zum Beispiel einer Wiese oder einem großen Platz, immer wieder mit dem Risiko zu rechnen, dass der Hund seiner Witterung, die er über den Hochwind bekommt, nachgeht oder visuell zu suchen beginnt, was dazu führt, dass man die eigentliche Spur verliert.

Robert Boulanger

am Trail entwickeln, schon in einem fortgeschrittenem Stadium sind, Schritt für Schritt einzudämmen und hoffentlich ganz abzustellen. Wir haben auch hier wiederum nur die Chance, dem Hund beizubringen, was wir von ihm erwarten und was nicht, wenn wir als Handler exakt und genau wissen, wie der Trailverlauf aussieht. Andernfalls sind wir dem Hund mehr oder weniger ausgeliefert bzw. korrigieren ihn unter Umständen zu Unrecht oder an der völlig falschen Stelle.

Der Schummler

Beginnen wir mit den Schummlern. Die häufigsten Varianten des Schummelns sind schnell aufgezählt: auf Sicht arbeiten und nicht mit der Nase, stöbern und in den Flächensuchmodus verfallen, sich den Geruch bei demjenigen abholen, der die Versteckperson in ihr Versteck gebracht hat, und seiner Spur folgen.

Viele Hunde entwickeln bereits im Anfangsstadium, wenn also die Versteck-person noch nicht sehr weit vom Ausgangspunkt versteckt wird, die Angewohn-heit, den Kopf zu heben und neugierig in der Gegend herumzuschauen, ob die gesuchte Person vielleicht bereits gesichtet werden könnte, um sich das weitere, doch weit anstrengendere Suchen zu ersparen. Erkennen kann man dieses Vor-haben meist daran, dass der Kopf, häufig auch die Rute, hochgeht, der Hund stehen bleibt und seinen Blick in der Umgebung herumschweifen lässt. Oder er steuert am Trail unbeteiligte Personen, die zufällig irgendwo zugegen sind – zum Beispiel auf der anderen Straßenseite, ganz abseits von der Spur – zielstrebig an. Gerade dieses Beispiel erfordert vom Handler einiges an Fingerspitzengefühl, denn später, wenn es zu Differenzierungen verschiedener Personen kommt, soll der Hund wiederum Verleitpersonen kurz geruchlich kontrollieren, um festzustel-len, dass es sich hierbei nicht um die gesuchte Person handelt.

Beobachtet man, dass der Hund beginnt, sich mit erhobenem Kopf umzu-sehen und daraufhin eine bestimmte Richtung einschlagen will, geht man nicht mit ihm mit. Zusätzlich erfolgt eine deutliche Ermahnung und erst, wenn er sich wieder auf die Spur konzentriert, folgt man ihm weiter.

Ebenso wie beim nächsten Typ, dem Stöberer oder Flächensucher, kommt die Suche auf Sicht auch bei bereits erfahrenen Teams dann zum Vorschein, wenn der Hund wirklich hängen bleibt, also kurzzeitig die Spur verloren hat oder nicht mehr besonders viel Konzentration von Scent vorfindet, wie es zum Beispiel an einer stark frequentierten Kreuzung vorkommen kann. Erkennt sein menschlicher Teamkollege diese Zeichen nicht und greift auch nicht unterstützend ein, bleibt dem Hund gar nichts anderes übrig, als sich auf andere Techniken zu besinnen, da er die Spur nicht mehr eindeutig ausmachen kann und sein Handler ihn dabei auch noch im Stich lässt.

Beginnt der Hund plötzlich vom eher zielgerichtet wirkenden Trailmodus in systematisches Abgrasen eines Gebiets umzuschalten, ist das ebenfalls ein Zei-chen dafür, dass er unsicher wird. Beim Anfänger liegt es daran, dass die von ihm erwartete Arbeit noch nicht genügend gefestigt ist. Da wir als Handler aber zu diesem Zeitpunkt den exakten Trailverlauf immer kennen, ist es auch hier ein Leichtes, dem Hund nicht zu folgen, sobald er signifikant von der Spur ab-weichen will. Wenn nicht gerade Sturmböen übers Land fegen, zählt auch keine

Ausrede, dass die Spur verblasen sein könnte, und nachdem die im Anfangsstadium gelaufenen Trails noch alle recht frisch sind, können wir auch großartige thermische Einflüsse vernachlässigen.

Gar nicht so selten kommen Hunde auf die Idee, den Scent von einer Begleitperson abzuholen. Unsere Hunde sind schlauer als wir denken. Sehr schnell entdecken sie, wie das Spiel beim Trailen läuft. Zwei Personen, also A und B, gehen weg, nur eine, nämlich A, kommt zurück und die andere, Person B, soll er suchen. Die Person, die zurückgekommen ist, ist aber bei der Suche mit dabei. Hat man nun das Glück, beim Training immer wieder mal völlig fremde Personen als Versteckpersonen zur Verfügung zu haben, stellt man des Öfteren fest, dass der Hund während des Trails immer wieder mal zu Person A geht, diese kurz anschnüffelt und dann wieder arbeitet.

Warum macht er das? Er schummelt hier wie ein Kind beim Memory-Spiel, das noch Probleme hat, sich dauerhaft zu konzentrieren und sich zu merken, wo das Kärtchen mit dem bestimmten Symbol exakt zu liegen gekommen ist. Das Kind wird auch einen Moment der Unachtsamkeit seines Mitspielers nutzen, um einen kurzen Blick unter die verdeckten Memorykarten zu erhaschen, also zu schummeln versuchen.

Die Konzentrationsfähigkeit des Hundes muss ebenfalls langsam gesteigert werden. Nachdem er spitzbekommen hat, dass Person A immer dort war, wo Person B versteckt wurde, ist es leichter für ihn, sich immer wieder eine Geruchsprobe von A zwischendurch abzuholen, als sich von Anfang bis zum Ende den Geruch von B zu merken, welchen er ja nur ein einziges Mal zu Beginn bekommt. Mit einer einfachen Maßnahme kann man ihn jedoch entlarven: Wenn Person A mit Person B auf dem Weg in deren Versteck ist, macht Person A hin und wieder einen Abstecher in eine Seitengasse oder in den Wald oder sonst wohin. Auch geht Person A nicht genauso zurück, wie sie zum Versteck gelangt ist. Wichtig dabei ist aber, dass Person A sich nicht nur exakt merkt, wo Person B entlanggelaufen ist, sondern sich auch den eigenen Weg im Detail einprägt.

Beobachtet man nun am Trail, dass der Hund sich zum einen an Person A orientieren will und dann auch noch in alle Verleitwege hineinzieht, ist der Schummler in flagranti ertappt und überführt. Der Handler gibt hier nicht nach und lässt den Hund keinesfalls falsch laufen. Zusätzlich sollte auch überdacht werden, ob man eventuell zu oft mit denselben Versteckpersonen gearbeitet hat und zu selten mit wirklich fremden „frischen" Personen, ob die Trails vielleicht zu anspruchsvoll für den Hund sind oder ob an diesem Tag, falls dieses Verhalten eine Ausnahme darstellt, der Hund nicht in bester Verfassung ist, es zu heiß ist oder zu kalt wie etwa bei extrem tiefen Temperaturen im Winter.

EXKURS: VON DER FLÄCHE AUF DEN TRAIL

Viele Ausbilder vertreten die Meinung, dass es schwierig bis unmöglich ist, aus einem Flächensuchhund einen guten Trailer zu machen. So ist es aber nicht. Natürlich bin ich schwer dagegen, diese beiden Methoden der Suche nach menschlichem Geruch unter einen Hut zu bringen. Auf diese Vorstellung treffen wir nämlich immer wieder in unseren Seminaren und das ist ein großer Irrtum. Auch wenn es zuerst ziemlich gut zu klappen scheint: Man gibt dem Flächensuchhund gleich einmal einen Geruchsträger und unser Vierbeiner, der ja von Natur aus ein Nasentier ist und intelligent noch dazu, zeigt durchaus Talent. Und der Handler freut sich – scheint sein Hund doch damit bewiesen zu haben, dass er ein Genie ist und beides kann: Flächensuche und Trailen.

Die Probleme kommen jedoch recht bald: Seine Arbeit besteht in Zukunft nicht mehr darin, irgendeinen menschlichen Geruch über den Hochwind aufzunehmen und einen Menschen, der in das erlernte Muster „Opfer" passt, das heißt sitzt oder liegt, anzuzeigen, sondern der Spur eines ganz bestimmten Menschen zu folgen. Dieser Mensch kann laufen, Fahrrad fahren, sich in einem Auto befinden usw. All das verträgt sich nicht mit dem, was der Hund bis jetzt gelernt hat, und stürzt ihn anfangs in heillose Verwirrung.

Mit diesen neuen Bedingungen muss der Hund erst einmal umgehen lernen. Dafür brauchen wir vor allem Geduld und Konsequenz im Training. Die Vorstellung, dass der Hund am Samstag Flächensuche und am Sonntag Trails trainiert und genau weiß, was er zu tun hat, weil er jeweils ein anderes Geschirr anhat, ist zwar nett, funktioniert aber leider nicht.

Wir ändern als erstes das Übungsgelände und das Verhalten der Versteckpersonen. Anfangs verlegen wir die Übungen in verbautes Industriegelände und vermeiden die gewohnten offenen Flächen. Die ersten Trails sind maximal 100 Meter lang, mit Eigenfährte, möglichst spannend gestaltet mit vielen Winkeln. Damit es dem Hund leichter fällt, auf der Spur zu bleiben, hinterlässt die Versteckperson weitere „Geruchsträger" in kurzen Abständen auf ihrem Weg: ihr Taschentuch, ihr Handy, einen Handschuh usw. Jedes Mal, wenn der Hund einen dieser Gegenstände entdeckt, wird er gelobt. Mit der Zeit können wir diese Gegenstände immer weiter auseinanderlegen, bis der Hund vom Abgang bis zum Ziel des Trails auf der Spur bleibt, und auch das große Freudenfest verlegen wir wieder auf das Ende des Trails.

Für den Aufbau gilt dasselbe Programm wie für alle Neueinsteiger. Die Versteckperson darf jedoch niemals sitzen oder liegen, sondern wird *immer stehend oder gehend aufgefunden. In einem weiteren Schritt holen wir weitere Personen dazu und beginnen mit Differenzierungen – besonders wichtige Übungen für Flächensuchhunde! Erst dann begeben wir uns wieder zurück ins freie Gelände. Die Haupt-*

sache ist: Der Hund sieht niemals die Person weggehen. Wir lassen ihn maximal 10 bis 15 Meter von der Spur abweichen, keinen Meter mehr. Läuft der Hund auch hier auf der Spur, hat er verstanden, was seine neue Aufgabe ist.

Gabriella Trautmann Zenoni

Der Faulenzer

Der „Burn-out-dog", der häufig fälschlicherweise als Faulenzer angesehen wird, ist dagegen einfach zu erkennen. Er will einfach nicht. Er spricht auf keinerlei Motivation an, er trödelt herum, als wüsste er beim besten Willen nicht, worum es hier geht. Wenn also der Hund ein sehr dicht gedrängtes Freizeitprogramm über die gesamte Woche zu absolvieren hat und solch ein Verhalten zeigt bzw. dieses sich nach und nach einzuschleichen beginnt, sollte man ihm etwas mehr Ruhe gönnen und sich entscheiden, welche Art der Ausbildung man ihm tatsächlich angedeihen lassen will.

Verwandt mit dem überforderten Unmotivierbaren ist auch der Obedience-Hund. Er zeigt zwar Arbeitswillen, man erkennt ihn aber daran, dass er sich alle paar Meter nach seinem Menschen umdreht und auf die Bestätigung wartet, weitermachen zu dürfen. Das ist nicht weiter verwunderlich, wird er doch in seiner Spezialdisziplin dazu angehalten, reflexartig Gehorsam zu zeigen und nichts zu unternehmen, was ihm nicht explizit aufgetragen wurde. Beim Trailen kann und muss der Hund aber in einem bestimmten Rahmen frei und selbständig arbeiten, schließlich hat er ja die Nase und nicht wir.

An einer Grunderziehung kommt allerdings auch der beste Trailer nicht vorbei. Wir können unserem vierbeinigen Partner sehr wohl erklären, dass er nicht ungeniert an der Leine ziehen soll oder dass er die Ereignisse in seiner Umgebung nicht ununterbrochen lautstark zu kommentieren braucht, ohne ihn seiner Fähigkeit zur selbstständigen Arbeit zu berauben. Die Ausrede „Mein Hund ist Trailer, der muss nicht gehorchen" gilt nicht.

Ein Hund, der seinen Handler im Alltag nicht für voll nimmt und ihm auf der Nase herumtanzt, wird auch am Trail nicht mit ihm zusammenarbeiten. Bei der Suche selbst beschränken wir uns jedoch auf die wenigen Anweisungen, die wir hier wirklich brauchen: auf unser Startkommando, auf „Warte", „Langsam" oder auch ein „Stopp" als Notbremse im Straßenverkehr und auf ein Kommando, mit dem wir den Hund in eine bestimmte Richtung schicken können.

Eine gezielt herbeigeführte Ablenkung.

Der Hallodri

Bleibt uns zu guter Letzt noch der Hans-Guck-in-die-Luft oder Hallodri, der sich gern von allem und jedem ablenken lässt. In jedem unserer Seminare erleben wir mindestens einmal dieselbe Situation: Der Hund sucht und arbeitet tadellos, aber urplötzlich biegt er von der Spur ab und zieht in eine falsche Richtung. Kennt der Mensch den eigentlichen Trailverlauf nicht, würde er, sofern er nicht gestoppt wird, bis ans Ende der Welt hinter dem Hund herlaufen. Die Handler argumentieren in solchen Fällen fast alle gleich: „Ja, das ist passiert, weil ich ihn noch nicht so gut lesen kann, aber deshalb bin ja hier."

Klar, die Fähigkeit, die Körpersprache des Hundes während des Suchens interpretieren zu können, muss man sich erst einmal aneignen und das geht nicht von heute auf morgen. Ein Anfänger wird schwer erkennen können, ob sein Hund noch auf der Spur der gesuchten Person läuft oder ob er inzwischen klammheimlich auf den Duft der netten weißen Pudeldame umgeschaltet hat, die 5 Minuten zuvor unseren Trail gekreuzt hat.

Sobald das Team den Ausbildungsstand erreicht hat, von dem wir hier ausgehen, sollte man daher beginnen, bewusst und absichtlich Ablenkungen einzubauen. Läuft der Trail zum Beispiel an einer Hecke entlang, versteckt sich eine Person darin und beginnt, wenn das Team auf derselben Höhe ist, mit Zweigen zu knacken oder mit Blättern zu rascheln. Ebenso können am Rand des Trails Personen postiert werden, die sich (zum Schein) heftig streiten. Oder ein Kollege steht mit seinem Hund dort. Der Handler weiß natürlich, wo diese Ablenkungen eingebaut sind, und sobald der Hund den eigentlichen Trail verlassen will, um zum Beispiel in das besagte Gebüsch abzutauchen, blockiert er den Hund und korrigiert ihn verbal.

Der Grad der Ablenkungen wird nun schrittweise erhöht. Das nächste Mal steht nicht nur eine Person mit Hund am Rand, sondern spielt auch noch mit dem Hund. Oder im Bekanntenkreis findet sich eine läufige Hündin, die man unmittelbar, bevor das Team an eine bestimmte Stelle kommt, den Trail queren lässt.

Der Hund wird begreifen, dass das Nachgehen von Eigeninteressen während der Arbeit nicht gefragt ist und wird nach und nach immer weniger auf Ablenkungen ansprechen.

Wenn die Leistung nachlässt

So manche Teams betrifft auch das Thema, dass die Hunde zwar in der Anfangsphase, also etwa die ersten zwölf Monate, in der Ausbildung großen Eifer und Freude an der Arbeit zeigen und plötzlich irgendwann keine Lust mehr zu haben scheinen.

Die Gründe dafür können vielfältig sein. Eventuell wurde zu schnell vorangegangen und der Hund ist überfordert, vielleicht ist Stress im privaten Umfeld dafür verantwortlich wie zum Beispiel ein Umzug und damit verbundener Wechsel des Territoriums oder eine läufige Hündin in der Nachbarschaft usw. Auch Hündinnen unmittelbar vor der Laufigkeit zeigen so manches Mal Schwächen, da ihnen zu diesem Zeitpunkt der gesamte Hormonhaushalt durcheinandergerät. Das trifft natürlich auch für alle Hunde zu, welche erst kürzlich kastriert wurden. Die hormonelle Umstellung spielt ihnen in den ersten Wochen derartige Streiche, dass sie selbst nicht wissen, wie ihnen geschieht.

Auf keinen Fall sollte man bei solch einem Einbruch den Hund zur Arbeit zwingen. Es hat noch keinem geschadet, einmal eine Pause von ein paar Wochen einzulegen. Keine Sorge, die Hunde verlernen nichts in ihrem Urlaub. Das einzige, was sie verlieren, ist Kondition.

Wenn man nach dieser Regenerationsphase wieder beginnt, schraubt man die Anforderungen zunächst etwas zurück, allemal besser zu weit als zu wenig. Hauptsache, der Hund läuft wieder und zeigt Freude an der Arbeit. Danach kann man Länge, Schwierigkeit und Alter der Spur wieder kontinuierlich steigern, bis man feststellt, dass der Hund nun an sein derzeitiges Limit kommt. Von diesem Punkt aus geht man dazu über, ihn langsam weiter aufzubauen.

Häufig verlieren Hunde langsam, aber stetig und kontinuierlich an Leistungsfähigkeit. Ein Blick auf die Waage zeigt nicht selten die Ursache dafür auf: Könnte es sein, dass unser Freund etwas zugelegt hat? Sollte die Gewichtszunahme nicht der Grund für seinen Leistungsabfall sein und auch sonst keiner der oben genannten Gründe zutreffen, sollte man einen Tierarzt konsultieren und das Problem mit diesem besprechen, um ernsthafte Krankheiten auszuschließen.

Ablenkungen

In der Hundeausbildung spricht man gern von den drei magischen **D** – **D**uration, **D**istance und **D**istraction – Dauer, Distanz und Ablenkung. Ursprünglich kommen die drei magischen D aus der Unterordnung bzw. dem Obedience und definieren genau das, was den erwünschten Gehorsam des Hundes ausmacht. Um den Trainingseffekt zu maximieren, wird an jedem der drei D getrennt gearbeitet und der Schwierigkeitsgrad der jeweiligen Übungen dazu wird langsam gesteigert.

Ein Hund, der einen Meter neben seinem Handler steht und sich auf das Kommando „Platz" sofort hinlegt, ist eine Sache. Aber wird er auf ein Kommando aus 30 Metern Entfernung noch genauso reagieren? Die **Distanz**, aus der man mit dem Hund arbeitet, muss also langsam gesteigert werden, um die Übung auch auf weitere Entfernungen zu festigen.

Liegt der Hund nach ausgeführtem „Platz"-Kommando auf seinem Bauch, ist die nächste Frage, wie lange er es dort aushält. Die **Dauer** kommt nun als zweiter Faktor hinzu. Ein Junghund, der dieses Kommando gerade erst gelernt hat, wird bereits nach wenigen Sekunden wieder loswuseln und aus dem „Platz" aufstehen wollen, also muss die Zeitspanne, für die sich der Hund an das gegebene Kommando zu halten hat, kontinuierlich verlängert werden.

Diese beiden Faktoren unterliegen dazu noch einer beinahe unbeeinflussbaren äußeren Rahmenbedingung, nämlich der **Ablenkung**, wodurch auch immer. Jeder Hundebesitzer kennt das Szenario: Der Hund liegt wie gewünscht auf seinem Platz und würde dort auch noch ewig lange liegenbleiben. Kommt aber Nachbars Katze des Weges, ist es schnell vorbei mit dem Gehorsam. Distraction, die Ablenkung, kann uns zu jeder Zeit dazwischenfunken; entweder der Hund ignoriert das „Platz", weil er bereits auf die Ablenkung reagiert, oder er löst unter Ablenkung das Kommando selbstständig auf.

Beim Trailen können wir uns die drei D ausborgen. Die Distanz legen wir auf die Länge des Trails um und die Dauer auf das Alter des Trails. Beide können kontinuierlich und nach Plan erhöht werden. Womit wir aber immer rechnen müssen, sind unkalkulierbare Ablenkungen. Je länger der Hund bereits am Trail und je älter die Spur ist, umso empfänglicher wird der Hund für welche Art von Ablenkung auch immer, da er mit Erhöhung von Traillänge und Spuralter mehr Konzentration aufbringen muss und damit auch seine psychische Kondition schneller nachlässt, was ihn für alle anderen Einflüsse empfänglicher macht.

Mit ungeplanten Ablenkungen muss man selbst im Gebirge rechnen.

Unsere Methode, bei der der Handler immer dann, wenn er etwas Neues in Angriff nimmt, bekannte Trails läuft, kommt uns bei Maßnahmen gegen Ablenk-barkeit sehr entgegen. Damit hat der Handler die Möglichkeit, genau zu beob-achten und zu lernen, was sich am Suchverhalten seines Hundes verändert, wenn er mit einer Ablenkung konfrontiert wird. Ob er schneller wird, sich eventuell ein paar Nackenhärchen sträuben, die Rute und/oder der Kopf nach oben gehen usw.

Wann immer der Hund dazu tendiert, auf Ablenkungen anzusprechen, die bewusst ins Training eingebaut werden, geht der Handler nicht mit. Er bleibt aber nicht wie angewurzelt eine Ewigkeit dort stehen und wartet ab, bis der Hund sich gnädigerweise von selbst irgendwann wieder für das Weitersuchen entscheidet, sondern korrigiert ihn verbal und fordert das Wiederaufnehmen seiner Arbeit ein. Der Hund muss lernen, dass das einzig erwünschte Verhalten ausnahmslos das Verfolgen der gesuchten Spur ist.

Natürlich wird man auf einem Trail immer wieder mal in Situationen geraten, die Hund und Handler für kurze Zeit aus der Fassung bringen. Denken wir an Hof- oder Garteneinfahrten mit uneinsehbaren Toren, hinter denen sich wachsa-me Hunde so lange mucksmäuschenstill verhalten, bis sich jemand unmittelbar vor dem Tor befindet, um genau dann mit infernalischem Gebelle und Geknurre loszulegen. Oder dass man einen parkenden LKW passiert, welcher just in dem Moment, in dem man an seinem Auspuff vorbeitrailt, den Motor startet, oder an alle nur möglichen Vorkommnisse, die auch dem Handler einen gehörigen

Hundebegegnung – der Hund wird aus der „Gefahrenzone" gebracht.

Schrecken in die Knochen jagen. Der Hund reagiert je nach Naturell entweder mit Aggression oder deutlichem Fluchtverhalten.

Hier gilt es, sich so schnell wie möglich wieder zu fassen, den Hund ruhig am Geschirr zu nehmen und aus der „Gefahrenzone" herauszubringen. Auf keinen Fall vor dem Gartentor des Zerberus stehen bleiben und erwarten, dass der Hund selbsttätig die Suche wieder aufnimmt: Das wird keinen Sinn machen. Wir bringen den Hund so schnell wie möglich fort vom Ort des Schreckens und schicken ihn nach 20 oder 30 Metern wieder auf die Spur. Der Hund spürt genau, ob vom Handler Sicherheit ausgeht oder nicht. Und auch sein Mensch hat das Recht, sich zu erschrecken, er muss aber die Lage sofort wieder unter Kontrolle haben, um seinen Part im Team zu erfüllen.

Ablenkung durch viele Menschen

Umgebungen wie Einkaufszentren, Fußgängerzonen, Bahnhöfe usw. bieten dem Hund Ablenkungen ohne Ende. Wer mit seinem Hund nicht in der Lage ist, sich im Alltag ruhig und gelassen in einem solchen Umfeld zu bewegen, der sollte zuerst einmal daran arbeiten, bevor er den Hund am Trail in eine derartig belebte Umgebung bringt. Gerade Bloodhound-Besitzer werden nun vielleicht darauf beharren, dass ihre Hunde sich am Trail so in die Suche „hineinträumen", dass sie ihre Umgebung gar nicht mehr wahrnehmen und das alles daher nicht der Rede wert sei. Auch wenn sich dieses Gerücht hartnäckig hält – gesehen haben wir bis-

Auch an Menschenansammlungen sollte der Hund gewöhnt werden.

lang noch keinen Bloodhound, der sich beim Trailen unter solchen Verhältnissen anders benimmt als im Alltag. Auch ein Bloodhound ist in erster Linie mal ein Hund, und zwar ein ziemlich schwerer und kräftiger noch dazu.

Hat ein Handler seinen Hund schon unter normalen Umständen nicht unter Kontrolle, zieht er allem und jedem hinterher oder weiß vor Stress nicht mehr wohin, so kann man nicht erwarten, dass er in stark frequentierten Zonen ganz von selbst hochkonzentriert arbeiten wird. Zeigt sich der Hund ruhig und gelassen und geht weiterhin locker an der Leine, kann man sich in solchen Umgebungen auch ans Trailen wagen.

Aber auch hier sollte man den Schwierigkeitsgrad nur langsam steigern und die ersten Versuche in einer Fußgängerzone oder Shopping Mall an einen Sonntag verlegen, wenn nur Cafés und Restaurants geöffnet haben. Kommt der Hund damit zurecht, dann arbeiten wir unter der Woche am Vormittag und erst in letzter Konsequenz, wenn es überhaupt sein muss, samstags zur Hauptverkehrszeit.

Der Hund sollte auf jeden Fall schon so weit sein, dass er nicht immer und überall jeden, der ihm über den Weg läuft, begrüßen, beschnüffeln, anspringen oder besabbern muss. Hunde können durchaus in einem Abstand von 60 bis 70 cm erkennen, ob es sich um die gesuchte Person handelt oder nicht. Der Gesamtheit der Mantrailer und auch der restlichen Hundebesitzer dieser Welt ist es nicht unbedingt zuträglich, wenn der Hund seine Nase in jede Tasse an jedem Tisch des Straßencafés steckt, das man gerade passiert. Nur weil man einen Suchhund an der Leine hat und eine Warnweste mit der Aufschrift „Mantrailer" trägt, bedeutet das noch lange nicht, die absolute Narrenfreiheit gepachtet zu haben. Wir haben deshalb immer noch alle Mitmenschen zu respektieren, auch jene, welche Ressentiments gegen Hunde haben oder sich schlichtweg vor ihnen fürchten.

„Lass das!" – „Weiter!" – „Arbeite!"

Gar nicht so selten begleiten wir bei Seminaren Handler mit Hunden, die sich während der Arbeit völlig ungeniert anderen Beschäftigungen widmen. Selbst wenn Ablenkungen gezielt trainiert wurden, kommt es doch immer wieder vor, dass der Hund während des Trails noch Zeit für unendlich viele andere Dinge findet.

Nehmen wir ein Beispiel aus der Menschenwelt: Büroangestellter Meier nutzt seine Arbeitszeit und die ihm im Büro zur Verfügung stehenden Ressourcen, vornehmlich den Computer und das Telefon, um nach geeigneten Hotels für den Urlaub zu suchen, Onlinezeitungen zu lesen, Informationen für sein Hobby zu generieren oder mit seinen Privatkontakten zu telefonieren. Sein netter Chef bekommt Meiers Aktivitäten aus den Augenwinkeln mit und toleriert diese zunächst stillschweigend. Nachdem der Chef allem Anschein nach nichts dagegen einzuwenden hat, macht Meier damit ungestört weiter und dehnt seine Privataktivitäten aus. Irgendwann geht das dem Chef nun doch gegen den Strich, und er ermahnt den Mitarbeiter mit: „Herr Meier, also bitte!" Dies wird mit einem knappen „T'schuldigung" quittiert, der Mitarbeiter liest die Seite der Onlinezeitung noch schnell fertig und wendet sich wieder der Arbeit zu. Bei der nächsten Gelegenheit frönt er jedoch wieder seinem Privatvergnügen, was der Chef erneut mit „Herr Meier, also bitte!" tadelt. Dieses Spiel setzt sich über Wochen und Monate hinweg fort. Wer ist nun dafür verantwortlich, dass der Mitarbeiter Meier im Prinzip 25 Prozent mehr Lohn bezieht als ihm zusteht, da er seine Arbeitszeit eigentlich als Freizeit betrachtet und dementsprechend verwendet?

Angestellter Müller, in einer anderen Firma tätig, tendiert zur selben Art von Arbeitsmoral. Sein Chef erwischt ihn dabei und macht ihm klar, dass seine Privataktivitäten nicht erwünscht sind. Natürlich wird auch Müller wieder versuchen, sich mit interessanteren Dingen als der Arbeit zu beschäftigen, beim zweiten Mal jedoch droht sein Chef ihm mit Entlassung. Als er nun ein weiteres Mal ertappt wird, zieht sein Chef die Konsequenzen und feuert ihn. Müller verspricht hoch und heilig, so etwas würde nie wieder vorkommen, der Chef lässt Gnade walten und gibt ihm noch eine weitere, allerdings letzte Chance.

Wer der beiden Herren wird wohl in Zukunft weniger Arbeitszeit mit Privataktivitäten verbringen: Meier oder Müller?

EXKURS: DER RICHTIGE TONFALL

Egal, welches Alter, welche Rasse und welches Geschlecht – Hunde kommunizieren nebst ihrer ausgeprägten Körpersprache auch in Lauten, nicht nur untereinander, sondern auch mit dem Menschen. Diese hörbare „Sprache" der Caniden gleicht einem Stakkato, also kurzen, abgehackten Tönen. In diesem Zusammenhang ist besonders interessant, dass der Mensch, egal ob Hundehalter oder nicht, dazu fähig ist, Lautäußerungen von Caniden richtig zuzuordnen und die jeweilige emotionale Lage des Hundes danach zu beurteilen (Miklósi, 2011).

Der Tonfall, in dem man mit seinem Hund kommunizieren sollte, lässt sich in fünf unterschiedliche Grundarten einteilen. Nur vier von ihnen kommen auch in der Sprache vor, die Caniden untereinander verwenden.

Anerkennung, Lob: Dieser Ton ist hoch, überschwänglich und führt in der Melodie von oben nach unten, so etwa wie „Fein gemacht", „Das ist toll". Hunde reagieren in der Regel sehr schnell auf den Lob- oder Anerkennungston, der am ehesten den Lauten des Hundes entspricht, mit denen er freudige Erregung kundtut. Aber Vorsicht: Lob ist zwar Motivation, aber keine Belohnung! Und selbst Lob wirkt im Laufe der Zeit eher kontraproduktiv, wenn der Hund damit überschüttet wird.

Um ein anschauliches Beispiel einer bekannten Hundetrainerin heranzuziehen: Ein Kind, das die ersten Male auf sein Töpfchen geht, um sein Geschäft zu verrichten, wird von den stolzen Eltern begeistert gelobt. Niemand aber käme auf die Idee, dem 15-jährigen Teenager eine Belohnung anzubieten, wenn er die Toilette benutzt. Das hätte bestenfalls zur Folge, dass man nicht mehr für voll genommen wird. Mit Hunden verhält es sich nicht anders. Was zur Selbstverständlichkeit geworden ist, braucht kein Lob mehr. Das Dauerlob für gut etablierte Handlungen ist ein Fehler, der sich in der Hundeerziehung generell verbissen zu halten scheint. Am Trail selbst beschränken wir uns auf ein dezentes verbales Lob, um dem Hund zu signalisieren, dass er in einer schwierigen Situation gute Arbeit geleistet hat, was er aber nicht mit „Dienstschluss" gleichzusetzen hat. Die große Begeisterung heben wir uns für das Ende des Trails auf.

Locken: Beim Lockton verläuft die Melodie anders herum, nämlich von unten nach oben: „Wo ist sie denn?", „Wo hat er sich versteckt?" Generell klingt dieser immer wie eine Frage, die immer höher endet als sie beginnt. Dieser Tonfall wird während der Sucharbeit häufig benutzt, da es dem Naturell des Hundes entspricht, damit die Konzentration zu steigern und die Sinne wieder schärfer auf das Ziel einzustellen. Er entspricht den abgehackten Alarmtönen, mit denen ein Hund die anderen Rudelmitglieder auffordert: „Schaut mal alle her, was ich da Interessantes entdeckt habe!"

Korrektur: Dieser tiefe, kehlige Tonfall, ein Knurren mit zurückgezogenen Lippen, dient Hunden untereinander dazu, eine Warnung auszusprechen, in der Art wie ein älterer Hund einem jüngeren zu verstehen gibt: „Nase weg von meinem Futter!" Indem der Handler seine Stimme um ein, zwei Oktaven senkt und aus der Kehle heraus artikuliert, kann er den Hund korrigieren und ihm zu verstehen geben, dass es nicht angebracht ist, die Nase in einem Kaninchenbau zu versenken, wenn er den Auftrag hat, der Geruchsspur einer Person zu folgen.

Attacke: Hunde produzieren diesen Angriffston unmittelbar, bevor es zu einer physischen Auseinandersetzung kommt. Der Angriff selbst erfolgt fast immer lautlos. Dieser Angriffston ist deutlich zu hören, wenn sich zwei Rivalen provozierend in die Augen starren: heiser und rau, fast wie ein „He!" klingend, erzeugt durch Aus und Einatmen nach langgezogenem, bedrohlich tiefem Knurren, unmittelbar bevor die Schlacht beginnt. Dieser Tonfall in Kombination mit körpersprachlichen Signalen zeigt deutlich die Bereitschaft des Hundes, sein Gegenüber anzugreifen.

Im Alltag mit unseren Hunden hat es sich bewährt, ein verbales Verbotssignal festzulegen, das dem Hund klar macht, dass es uns bitterer Ernst ist und das dementsprechend sparsam verwendet wird. Beispielsweise als Notbremse, wenn der Hund drauf und dran ist, einem Hasen quer über die Autobahn hinterherzuhetzen oder sich einen mutmaßlichen Giftköder einzuverleiben. Der unbelehrbare Schnüffler und der von seinem Recht auf Freizeit überzeugte Privatier am Trail sind damit, in Kombination mit körpersprachlicher Blockade, meist rasch zum Umdenken bereit.

Befehl: Zu guter Letzt ist da noch der Befehlston, der für sich ziemlich allein dasteht, da er der einzige der hier vorgestellten ist, der in der natürlichen Sprache des Hundes nicht vorkommt. Der Befehlston ist monoton, flach und direkt ansprechend. Er klingt weder aggressiv noch bittend, sondern neutral und doch eindeutig. Weil dieser Tonfall weder in der Kommunikation von Hunden noch von Menschen vorkommt, versteht der Hund sehr bald genau, dass er der Adressat ist, obwohl dieser Tonfall keinerlei Emotionen des Handlers transportiert. Für den Befehlston sind vor allem Laute geeignet, die aus reinen Konsonanten bestehen, da diese das eingangs erwähnte Stakkato erzeugen, auf welches Caniden besser reagieren.

> Die unterschiedlichen Arten des Tonfalls, wie hier beschrieben richtig eingesetzt, erleichtern das Handling des Hundes ungemein. Trainieren müssen sie in erster Linie die Handler, weniger die Hunde, deren Naturell diese Sprache ja schon von Haus aus entspricht.
>
> Robert Boulanger

Müllers Chef agiert wie ein Hund, der deutlich macht, dass ein anderer, in der Hierarchie tiefer gestellter Hund etwas Bestimmtes unterlassen soll. Meiers Chef agiert dagegen wie ein Weichei. Das ermahnende „Herr Meier, also bitte!" seines Vorgesetzten wird Meier nach einiger Zeit gar nicht mehr registrieren, da ohnehin keine Konsequenzen drohen.

Möchte zum Beispiel ein im Rudel hierarchisch höher angesiedelter Hund verhindern, dass ein anderer Hund einen bestimmten Bereich betritt, sich einer bestimmten Ressource bemächtigt oder Ähnliches, wird er diesem zuerst klarmachen, dass er das nicht dulden wird, indem er ihm körpersprachlich den Weg blockiert. Wird dieses Signal vom anderen Hund nicht sofort akzeptiert, wird sich unser Hund keinesfalls ein zweites Mal vor dem anderen querstellen, um mit ihm lang und breit darüber zu diskutieren, ob der angestrebte Bereich nun tabu ist oder nicht.

Nein, er wird direkt auf den anderen zugehen, drohend seine Zähne zeigen und damit, auch geräuschvoll unterstrichen, unmissverständlich aussagen: „Noch einen Schritt und es setzt was!" Wird auch dieses Signal ignoriert, wird er auf den Ignoranten losgehen und die angedrohte Handlung ausführen: Er wird ihn in Form eines ritualisierten physischen Kontaktes – ein abgeschwächter Biss – daran hindern, noch einen Schritt weiter zu gehen. Damit ist die Diskussion in der Regel geklärt. Ernsthaft beißen würde er seinen aufmüpfigen Kollegen nicht, er macht ihm nur klar, dass er das ohne Weiteres könnte, hat es aber tatsächlich nicht nötig. Der andere wird mit Sicherheit kapieren, was Sache ist.

Der Handler ist der Chef

Hinsichtlich der Arbeitsmoral des Hundes auf dem Trail ist der Handler der Boss. Er will, dass der Hund die Spur verfolgt, und er will nicht, dass der Hund an jeder Ecke schnüffelt, markiert oder sonst irgendwie privatisiert. Quittiert er aber solche Abstecher ins Privatleben des Hundes immer nur mit „Weiter", „Weiter", „Weiter" oder „Arbeiten", „Arbeiten", „Arbeiten", und das gezählte 56-mal auf einem 500-Meter-Trail, braucht er sich nicht zu wundern, wenn seine monotonen Ermahnungen keinerlei Früchte tragen. Er ist in diesem Fall bestenfalls Meiers Chef.

Hunde finden im Umgang miteinander immer den richtigen Tonfall.

Müllers Chef dagegen würde nur ein einziges Mal „Weiter" sagen. Das zweite Mal würde er ein deutliches, scharfes und bestimmtes „Hey!" rufen, in einer Lautstärke und Schärfe, die den Hund garantiert aus jeder Träumerei reißt. Beim dritten Mal würde er dem privatisierenden Hund den Zugang zur Schnüffelstelle blockieren und verbal verbieten, ihn am Geschirr nehmen und ihn emotionslos, aber unmissverständlich von dort entfernen und ihn zum Arbeiten anhalten.

Tritte, Schläge oder sonstige Gewaltmaßnahmen sind wider – auch die hündischen – guten Sitten. Physische Gewalt verdeutlicht dem Hund bestenfalls, dass der Handler sich selbst nicht unter Kontrolle hat, was den Respekt des Hundes gegenüber dem Handler nicht vergrößert. Ranghohe Hunde haben, wie wir wissen, Gewaltmaßnahmen nicht nötig.

Variationen des Ziels und die Sache mit der Anzeige

Bevor wir nun mit dem nächsten großen Schritt in der Ausbildung weitermachen, stellen wir noch eine Variation vor, die im Zuge der gesamten Ausbildung von Zeit zu Zeit wiederholt und miteingebaut werden sollte: Wir verzichten auf die physische Anwesenheit der Versteckperson am Ende des Trails.

Trail ohne Versteckperson

Die Versteckperson läuft einen Trail, legt also die Spur wie bisher, nur wartet sie am Ende nicht selbst „im Versteck", sondern hinterlässt dort einen persönlichen Gegenstand. Das kann eine Kappe sein, ein Rucksack, eine Jacke, ein altes, aber kürzlich getragenes T-Shirt, was auch immer. Die Person selbst wird mit dem Auto von dieser Stelle abgeholt, dabei sollte aber darauf geachtet werden, dass die Fenster des Wagens während der ersten paar hundert Meter Fahrt geschlossen bleiben und die Lüftung abgedreht bzw. auf Umluft eingestellt ist.

Der Hund läuft den Trail wie gewohnt. Beim Gegenstand angekommen verhält der Handler sich ebenso, als wäre eine physische Person gefunden worden. Sinn dieser Übung ist es, den Hund daran zu gewöhnen, dass er zwar die Spur eines Menschen verfolgen soll, dass aber der Erfolg nicht im Auffinden der Person selbst liegt, sondern darin, zusammen mit seinem menschlichen Teamkollegen den Weg zu finden und zu gehen, was vor allem für Einsatzbereiche von enormer Be-

Es sollte im Training nicht immer ein Mensch sein, der gefunden wird.

deutung ist, in denen der Hund anzeigen soll, ob die gesuchte Person überhaupt jemals am Ort der Suche war oder an welcher Stelle eine Spur abreißt.

Ist diese Übung gefestigt, so kann zu einem späteren Zeitpunkt auch begonnen werden, gänzlich auf Objekte am Ende des Trails, seien sie menschlicher oder dinglicher Natur, zu verzichten.

Mit dieser Art des Trainings beugen wir der möglichen Frustration des Hundes vor, die sich einschleichen kann, wenn der Hund von Beginn an lernt, dass am Ende immer der Mensch, dessen Scent er gefolgt ist, physisch anwesend sein muss. Es kann und wird auch vorkommen, dass das Team einmal nicht findet, in der Praxis wie im Training. Viele Ausbilder raten in diesem Fall dazu, einen kurzen Motivationstrail zu veranstalten, dem Hund also einen kinderleichten Trail zu legen, damit er zu seinem Erfolgserlebnis kommt. Hat der Hund jedoch von Anfang an gelernt, dass am Ende auch gar keine Person sein kann, dass es nicht um die körperliche Anwesenheit der Person, sondern um ihre Spur geht, braucht er keine „Wiedergutmachung" in Form eines Motivationstrails.

Nicht zu finden bedeutet für ihn dann keinen Frust, daher muss er auch nicht extra dafür bespaßt werden. Er kann damit umgehen. In der Praxis wird der Hund nämlich so gut wie niemals in die unmittelbare Nähe der gesuchten Person gelangen. Sei es, weil er, wie oben beschrieben, nur überprüfen soll, ob die Person da war oder nicht, alles also schon längst vorbei ist, oder aber weil die Person verletzt ist – kein Rettungssanitäter oder Notarzt legt Wert darauf, dass das Opfer zuerst vom Rettungshund zusätzlich malträtiert und beschlabbert wird.

Die Anzeige

Damit kommen wir bereits zu einem weiteren Feature, nämlich zur Anzeige. Über dieses Thema werden kontroverse Diskussionen geführt. Die eine Lehrmeinung vertritt den Standpunkt, dass das Team zuerst einmal sicher finden können und ankommen müsse, danach könnte man sich immer noch um die Anzeige kümmern, die in der Praxis nicht unbedingt von großer Wichtigkeit sei. Wir integrieren dagegen das Anzeigeverhalten von Anfang an in die Ausbildung, und zwar nicht als separaten Ausbildungsschritt, sondern ganz nebenbei.

Bislang hat der Handler immer ein Freudenfest veranstaltet, wenn der Hund bei der gesuchten Person ankam. Nun kann man ihm langsam beibringen, dass er uns diese bestimmte Person, welche er zu Recht meint gefunden zu haben, auch deutlich zeigen soll. Bei der Person angekommen, sorgt diese dafür, dass sich der Hund vor sie hinsetzt. Genauso gut könnte er auch eine Pfote auf die Person legen, sie mit der Nase anstupsen, anspringen oder verbellen.

Manche Organisationen bestehen zum Beispiel auf ein Anspringen bzw. Verbellen der gesuchten Person. Wir dagegen halten nicht besonders viel vom Anspringen. Handelt es sich beim Hund um einen Dackel oder kleinen Terrier, mag das ja noch recht niedlich wirken, wenn man sich aber einen Deutschen Schäferhund oder gar einen 60 kg schweren Bloodhound vorstellt, der ein Kind oder eine ältere, gebrechliche oder verletzte Person anspringt bzw. umwirft, ist fraglich, inwieweit dieses Anzeigeverhalten Sinn macht.

Das Antrainieren dieser Anzeige wird damit begründet, dass ausschließlich durch den eindeutigen körperlichen Kontakt gewährleistet sei, dass der Hund wirklich diese Person und keine andere meint. Wenn er nur davor sitzen bleibt, könnte er theoretisch auch eine Person, die unmittelbar neben der gesuchten Person sitzt, steht oder geht, identifiziert haben.

Ebenso ist es mit dem Verbellen. Man sollte aber auch dabei im Auge behalten, dass es für die gefundenen Personen nicht unbedingt angenehm ist, von einem fremden, möglicherweise großen und bedrohlich wirkenden Hund angebellt zu werden.

Wir gehen davon aus, dass die Anzeige in Form eines Anstupsens mit der Nase und eines anschließenden Vorsitzens oder auch das Auflegen der Pfote ebenso eindeutig ist, aber für die betreffende Person weit weniger beängstigend wirkt bzw. gefährlich ist. Außerdem versuchen wir unseren Hunden im Privatleben jegliches Anspringen und Anbellen von Personen abzugewöhnen bzw. lassen es ihnen vom Welpenalter an nicht durchgehen – wieso sollten wir ihnen also nun dieses Verhalten wieder explizit antrainieren?

Die verschiedenen Anzeigearten

Ist der Hund nun also bei der Versteckperson angekommen, fordert diese den Hund mit Handzeichen und/oder ihrer Körpersprache dazu auf, sich vor sie hinzusetzen – wenn es unbedingt sein muss auch durch Zuhilfenahme eines kleinen Leckerlis – und erst, wenn der Hund das gewünschte Verhalten zeigt, gibt es die richtig fette Belohnung vom eigenen Handler. Von einer unterordnungsorientierten Sitzübung mit einem „Sitz"-Befehl im Kasernenhofton, um es hier mal plakativ zu übertreiben, sollte man allerdings Abstand nehmen. Vielmehr lässt man das gewünschte

Feli bei der Anzeige einer Person auf dem Hochstand.

Arak zeigt eine gehende Person an, was für die meisten Hunde sehr schwierig ist.

Verhalten nun im Laufe des weiteren Aufbautrainings langsam mit einschleichen. Dies könnte sich so gestalten, dass man, völlig abseits der Trailerei, dem Hund Dinge so platziert, dass er sie zwar sehen, aber nicht erreichen kann, zum Beispiel ein schönes Stück getrocknete Rinderlunge in eine Baumgabelung oder einen Schrank legt. Ein „Zeig's mir", anfangs unterstützt von Handzeichen, bringt den Hund dann zwar in Position vor den Baum oder Schrank, aber er kann nicht darankommen. Erst wenn er von selbst anbietet, sich hinzusetzen und das Objekt der Begierde anzustarren, fällt die Belohnung vom Baum oder der Schrank öffnet seine Türen, begleitet von viel Jubel und Lob.

Welche Anzeigeart man hier nun wählt, bleibt dem Handler überlassen. Er kennt seinen Hund am besten und eventuell bietet der Hund bereits ein Anzeigeverhalten an, welches einem persönlich zusagt und das man nur mehr zu fördern oder zu festigen braucht. Bei der Übung, bei der der Hund nur noch einen Gegenstand der Person auffindet, sollte man ihn allerdings darin hindern, den Gegenstand aufzunehmen, um ihn seinem Menschen freudig zu präsentieren. Es ist aber zweifellos schön anzusehen, wenn er sich davor hinsetzt oder -legt und eindeutig darauf verweist.

Die Anzeige einer gehenden Person

Nicht vergessen sollte man auch die Tatsache, dass gesuchte Personen nicht zwangsläufig immer sitzend, stehend oder liegend aufgefunden werden müssen. Sehr früh schon sollte man beginnen, die Versteckperson anzuweisen, sich gehend zu bewegen, wenn das Team in die Nähe kommt. Zuerst vom Hund weg, sodass dieser von hinten an die Person herankommt, und klappt dies, dann auf den Hund zu. Wenn auch das problemlos funktioniert und das Team dazu auch erste Differenzierungsübungen erfolgreich gemeistert hat, können immer mehr Personen umherwandeln, und der Hund sollte die richtige aus der Gruppe herausfinden.

Neben dem Umstand, dass der Hund ohnehin lernen muss, auch Personen anzuzeigen, die sich bewegen, hat diese Übung noch einen angenehmen und nützlichen Nebeneffekt: Einmal daran gewöhnt, gehen die Hunde nicht länger davon aus, dass jeder, der zufällig irgendwo am Trail entlang sitzt oder steht, die gesuchte Person sein könnte.

Kreuzungen und Abgang auf natürlichem Boden

Wurde bisher vor allem auf den richtigen Einstieg ins Trailen Wert gelegt, soll nun die Basis für eine solide, präzise Technik der Kreuzungsarbeit geschaffen werden: die Strategien des Handlers, die korrekte Leinenführung sowie ein koordinierter Bewegungsablauf, der den Hund bei seiner Aufgabe unterstützt.

Als Übungsgebiet eignet sich ein Park mit ausreichend breiten, nicht asphaltierten Wegen. Wald- oder Feldwege sollten zumindest so breit sein, dass sie befahrbar sind. Diese Kreuzungen sollten sich zu Beginn auf möglichst ebenem Terrain befinden und sie sollten von der Sonne entweder gleichmäßig ausgeleuchtet sein oder gänzlich im Schatten liegen, um thermische Effekte auszuschließen. Dass wir Straßenverkehr zunächst noch vermeiden wollen, versteht sich wohl von selbst.

Die richtige Technik

Grundlegend für die Arbeit an Kreuzungen ist für uns die richtige Technik. Vom menschlichen Teil des Teams ist im gesamten Kreuzungsbereich aktives Leinenhandling gefragt. Wenn sich der Handler mit seinem Hund auf eine Kreuzung zubewegt, muss er beginnen, dabei die Leine zu verkürzen. Neben der eigentlichen Kreuzungstechnik hat dies noch einen weiteren Vorteil: Ist der Hund hier dem Menschen 7 bis 8 Meter voraus und konzentriert bei der Suche, läuft er blindlings in die Kreuzung hinein und könnte dabei vom nächsten Auto überfahren werden. Der Handler schließt mit dem Verkürzen der Leine zum Hund auf, ohne ihm dabei nachzulaufen. Dabei achtet er sorgfältig darauf, dass er den Hund nicht bremst oder gar zurückzieht. Am Kreuzungseingang ist die Leine so weit verkürzt, dass der Hund nicht unkontrolliert in die Kreuzung hineinrennen kann.

Am Kreuzungseingang angekommen finden wir zwei Möglichkeiten, wie der Hund sich verhalten kann: Entweder nimmt er zielstrebig die korrekte Richtung oder er beginnt zu zögern und bleibt eventuell hängen.

Zu Beginn wird er, wie auch bisher an Winkeln, welche der Trailleger für ihn eingebaut hatte, unbeirrt richtig „abbiegen". Denn so viel anders ist die neue Situation in Wirklichkeit nicht, handelt es sich hier doch lediglich um einen normalen Winkel in der Spur, der eben zufällig in einer Wegkreuzung liegt. Worauf es nun ankommt, ist die richtige Technik des Handlers.

Nehmen wir an, unsere Versteckperson ist an dieser Kreuzung nach rechts gelaufen. Wir werden feststellen, dass der Hund, ohne sein Tempo an der Kreuzung wesentlich zu drosseln, mit der gewohnten Spannung von Körper und Leine nach rechts abbiegt. Zeigt er dieses Verhalten, lassen wir nun die verkürzte Leine wieder raus und versuchen, mit dem Hund – möglichst ohne Ruck an der Leine – wieder in Schritt zu kommen. Im Idealfall bemerkt der Hund von unserem Leinenhandling gar nichts. Sein Tempo bleibt immer gleich, lediglich der Handler muss bis zum Kreuzungseingang beschleunigen. Direkt an der Kreuzung nimmt er das Tempo so weit zurück, dass er fast zum Stehen kommt, kompensiert dies aber wiederum mit dem Herauslassen der Leine, sodass der Hund nicht bremsen muss, und beschleunigt dann, bevor die Leine vollständig herausgelassen wurde, wieder auf das Tempo, das der Hund vorgibt.

Das klingt nun sehr einfach, man wird aber bereits beim ersten Versuch feststellen, dass diese Technik in der Praxis gar nicht so leicht umzusetzen ist.

Für den Anfang muss der gesamte Trail nicht besonders lang sein. Es genügt, wenn die Versteckperson etwa 50 Meter vor der Kreuzung startet, die Kreuzung abläuft und sich etwa 50 Meter davon entfernt wieder versteckt. Allerdings sollte der Hund die Person nicht bereits bei der Kreuzung direkt wittern können.

Der Handler weiß wieder ganz genau, wie die Versteckperson gelaufen ist. Man wiederholt diese Übung einige Male an einer jeweils „frischen", noch nicht kontaminierten Kreuzung, bis man das Leinenhandling flüssig beherrscht und den Hund in seiner Arbeit nicht stört, nicht bremst oder sonst irgendwie behindert. Auch am Weg zur bzw. aus der Kreuzung ist darauf zu achten, möglichst exakt hinter dem Hund zu bleiben; die Leine sollte über das Rückgrat des Hundes in einer Linie zum Handler laufen.

Unter erschwerten Bedingungen

Wenn diese Übung nun einigermaßen sitzt, sollten wir zusehen, dass wir unserem vierbeinigen Freund die Sache erschweren, er sich also mehr anstrengen muss. Dazu läuft unsere Versteckperson in den Kreuzungsbereich und bewegt sich in jede mögliche Richtung etwa 2 bis 3 Meter hinein, kommt aber jedes Mal wieder zum Kreuzungsmittelpunkt zurück und geht letztendlich in eine Richtung weg. Bevor sie in eine Richtung abbiegt, darf die Versteckperson ruhig ein wenig am Kreuzungspunkt herumlaufen. Wenn wir uns bildlich vorstellen, dass von der Person permanent abgestorbene Hautzellen abfallen bzw. abgegeben werden, ähnlich wie Salz aus einem Salzstreuer rieselt, so sollte der Effekt nun jener sein, den ganzen Kreuzungsbereich gleichmäßig „einzusalzen".

Im Grunde genommen erzeugen wir hier einen Geruchspool, der dazu dienen soll, dass der Hund nun nicht mehr einfach und zielsicher wie auf Schienen den richtigen Weg entlangläuft, sondern hier aufgrund „guter Salzstreuung" etwas ins Schleudern gerät. Auch hat diese Übung noch nichts mit der eigentlichen Poolarbeit zu tun, mit der wir uns zu einem späteren Zeitpunkt befassen werden,

Brisco schließt die eine Option aus und dreht, um die nächste zu kontrollieren.

wenngleich sie hiermit verwandt ist. Wir nutzen den Pool hier, um dem Handler die richtige Technik zu vermitteln.

Funktioniert unser Plan, den Hund zu verunsichern, indem wir den gesamten Kreuzungsbereich in eine einzige geruchsbedeckte Fläche umfunktionieren, wird es dem Hund weit schwerer fallen, sofort den richtigen Weg auszusuchen. Folgte er in den bisherigen Übungen einer zielgerichteten Geruchsspur, so steht er nun in einer riesigen Wolke, aus der er wieder herausfinden muss.

Hier kommt deutlich der wesentliche Unterschied zu tragen, der diese Ausbildungsmethode von vielen anderen unterscheidet: Der Handler wartet nicht passiv ab, bis der Hund von selbst irgendwann die richtige Richtung findet, sondern er hilft ihm aktiv dabei. Speziell die Kreuzungsarbeit ist ein Job für beide Teampartner, also nicht nur für den Hund. In der Regel gibt man nun so viel Leine nach wie nötig. Falls der Hund mehr Leine braucht, folgt man ihm also langsam und fragend und nicht forsch und schnell und beobachtet dabei den Hund genau, ob er den Ausgang aus der Wolke findet. Und wieder ganz wichtig: Wir wissen, wo es langgeht.

Bei dieser Übung kann nun Folgendes eintreten:

Bei unserer kleinen unbefahrenen Kreuzung kann es nach 2 bis 3 Sekunden durchaus vorkommen, dass sich der Hund bereits für die korrekte Richtung entscheidet, was der Handler an der wieder deutlichen Körperspannung beim Hund wie auch am entschiedenen Zug an der Leine in die richtige Richtung feststellen kann. Erst wenn beides zutrifft – der Hund zieht entschieden und er zieht in die korrekte Abzweigung hinein –, gehen wir wie oben beschrieben mit ihm mit. Wir gehen nicht mit, wenn er, mehr oder weniger unschlüssig wirkend, zufällig den korrekten Weg wählt, wir gehen nicht mit, wenn er mit gutem Zug falsch abbiegt, sondern nur, wenn beide Voraussetzungen zutreffen. Wir folgen ihm nur, wenn er deutlich zum Ausdruck bringt „Hier geht es lang" – und wenn auch die Richtung stimmt.

Der Hund steht ratlos in der Kreuzung und tingelt dort herum. In diesem Fall hat das Verwirrspiel der Versteckperson mit der Wolke bestens geklappt. Wir gehen zum Hund hin, nehmen ihn am Geschirr und bringen ihn aktiv zu einem der Kreuzungsausgänge, schicken ihn diesen Weg entlang und führen hierbei ein Hörzeichen ein, wie etwa „Kontrolle!" oder „Check here!" oder was auch immer uns dafür gefällt.

Wir wählen zu Beginn bewusst einen falschen Ausgang aus der Kreuzung. Selbst bleiben wir jedoch noch im Kreuzungsbereich stehen und lassen nur Leine raus, während der Hund in den Weg hineinarbeitet. Wir wissen, dass unsere Versteckperson jeden Weg 2 bis 3 Meter weit „angegangen" ist. Wenn es windstill ist, sollte der Hund nach etwa 6 bis 7 Metern feststellen, dass es hier nicht weitergeht. Wir bleiben also stehen – aber bitte nicht starr wie eine Salzsäule – und beobachten den Hund. Er wird nach einigen Metern den Kopf heben, sich nach rechts oder links orientieren und dann eine 180-Grad-Wendung vollziehen und wieder in unsere Richtung blicken. Eventuell dreht er auch gleich, ohne vorher den Kopf zu heben, dann müssen wir entsprechend schneller reagieren: Negativ! In diesem Moment treten wir zur Seite, um ihm nicht den Weg zu blockieren, loben ihn mit einem dezenten „Fein gemacht" und holen die Leine wieder ein, während er nun wieder auf uns zuläuft. Sobald er wieder auf unserer Höhe ist, geben wir etwas Leine nach und lassen ihn in den Kreuzungsbereich, also in die

Wolke laufen. Nun sind wir wieder so weit wie zu Beginn, wir wissen nun aber definitiv, dass wir die erste Option bereits ausschließen können.

Angenommen, unsere Kreuzung ist eine klassische Kreuzung mit einem Eingang, von dem wir gekommen sind, und es gibt nur die Möglichkeiten, links, geradeaus und rechts zu gehen. Unsere Versteckperson ist, wie wir wissen, nach rechts gegangen, und nehmen wir in diesem Beispiel nun an, wir hätten gerade die linke Möglichkeit überprüft. Also beginnen wir das Spiel von Neuem und überprüfen den Weg, der vom Kreuzungseintritt aus gesehen geradeaus über die Kreuzung führt, was wieder eine falsche Option darstellt.

Sobald der Hund nach ein paar Metern eine Drehung ausführt, sollte man ihn dezent loben, sich zur Seite stellen und den Weg für den Hund frei machen, Lei-

EXKURS: SPURENSUCHE IN DER VERHALTENSFORSCHUNG

Der Fähigkeit unserer Hunde, anhand des Verfolgens einer Spur festzustellen, wohin eine Person gegangen ist, wurde vonseiten der Verhaltensforschung bisher noch relativ wenig erforscht. Vermutet wird, dass es sich dabei um eine sehr komplexe Anlage von Fähigkeiten handelt. Als bewiesen gilt, dass Hunde sich tatsächlich auf olfaktorische Reize der Spur verlassen.

Für das Verhalten des Hundes während der Spurensuche hält die Wissenschaft drei verschiedene Phasen fest:

In der **Suchphase** – der Hund folgt der Spur – zeigt der Hund schnelles Erkundungsverhalten.
In der **Entschlussphase** – wie in unserer Kreuzung – wird er langsamer und folgt der Spur zumindest 2 bis 5 Schritte weit, bevor er sich für die richtige Richtung entscheidet.

Berücksichtigen wir zusätzlich noch die verschiedensten Umwelteinflüsse, wird verständlich, warum der Hund relativ weit in eine Option der Kreuzung hineinläuft, bevor er sich für diese Option als richtige oder falsche Richtung entscheiden kann. In dieser relativ langen Entscheidungsphase „sammelt" der Hund verschiedene Geruchsmuster. Versuche dazu legen nahe, dass Hunde den Unterschied in der Konzentration der Geruchsmoleküle zwischen zwei Punkten der Spur beurteilen müssen.

Hat der Hund seine **Entscheidung** getroffen, folgt er der Spur durch Erschnuppern des Geruchs in der Luft oberhalb der Spur und beschleunigt anschließend seine Bewegungen zum Suchverhalten wie oben beschrieben, ein Verhaltensmuster, das wir hier mit „Abtauchen" bezeichnen (Miklósi, 2011).

Robert Boulanger

ne einholen und den Hund sofort aktiv zur letzten und richtigen Option bringen. Der Ablauf wiederholt sich hier erneut, nur wird nun die Drehung ausbleiben. Stattdessen wird der Hund, da hier die Spur nicht nach 2 bis 3 Metern abbricht, mit dem Kopf wieder tiefer gehen, eine deutliche Körperspannung zeigen und entschlossenen Zug an der Leine spüren lassen. Auch dieses Signal des Hundes wird, kurz und dezent, verbal bestätigt. In diesem Moment beginnt man, wieder mit dem Hund Schritt aufzunehmen. Dabei ist auf einen flüssigen Bewegungsablauf zu achten, der Handler muss also wirklich zusehen, dass er wieder auf die Geschwindigkeit des Hundes kommt, ohne diesen auszubremsen. Bis man selbst das notwendige Tempo erreicht hat, kann man den Geschwindigkeitsunterschied zwischen Hund und sich selbst kompensieren, indem man die Leine nachgibt.

Der Hund lernt hier zweierlei Dinge. Erstens was wir von ihm erwarten, wenn er in solche Situationen kommt. Ist dieses Verhalten erst einmal gefestigt, und auch der Handler beherrscht seine Bewegungen und das Leinenhandling so weit, dass er den Hund damit nicht behindert, wird man nach ein paar Trails feststellen, dass manche Hunde ganz von selbst beginnen, an schwierigen Stellen die möglichen Optionen zu kontrollieren. Was der Hund aber zusätzlich lernt: Wenn er in eine verwirrende Situation kommt, in der er im ersten Moment nicht mehr weiter weiß, hat er einen Teamkollegen hinter sich an der Leine, der für ihn mitdenkt und ihm weiterhilft.

Häufige Probleme und deren Lösung

■ **Der Hund läuft immer gleich zu Beginn richtig, auch wenn die Wolke noch so groß ist.**
Dann ist die Kreuzung entweder zu klein dimensioniert oder die Versteckperson hat sich nicht lange genug in der Kreuzung aufgehalten oder ist nicht wirklich in jede mögliche Abzweigung der Kreuzung hinein- und wieder herausgelaufen. Trifft nichts davon zu, sollte man nachprüfen, ob der Hund vom Handler nicht ungewollt körpersprachlich beeinflusst wird. Eventuell absolviert man die Übung zur Kontrolle ausnahmsweise einmal blind, das heißt, der Handler darf also selbst nicht wissen, wo es langgeht – Betonung auf ausnahmsweise. Bleibt der Hund damit hängen, wurde er offenbar von seinem Menschen unbewusst in die richtige Richtung gelenkt.
Ist auch dies auszuschließen, sollte man den Trail nicht sofort gehen, sondern erst einmal einige Stunden liegen lassen. Anstelle der Versteckperson kann man ihr T-Shirt oder ein anderes altes Kleidungsstück am Fundort belassen. Zur Not könnte man auch mit einem Kraftfahrzeug etliche Male über die Kreuzung fahren, bevor der Hund den Trail läuft. In der Regel ist das jedoch nicht notwendig. Hun-

de mit dem Ausbildungsstand, der diesem Kapitel entspricht, sollten in der Regel in genau die Schwierigkeiten geraten, welche mit dieser Übung simuliert werden.

■ **Der Hund lässt sich in eine der Optionen nicht hineinschicken.**
Das kann mehrere ganz einfache Ursachen haben. Entweder ist die Versteckperson nicht weit genug in jeden möglichen Weg hineingegangen oder es herrscht Gegenwind. In diesem Fall nehmen wir den Hund kurz und bringen ihn mindestens 5 bis 6 Meter in diesen Weg hinein. Dreht er dann sofort um, soll das als klares Zeichen ausreichen, dass hier nichts zu finden ist. Der Hund hat recht.

■ **Der Hund zieht weiter, obwohl wir im Moment eigentlich eine falsche Option kontrollieren.**
Zum einen könnte es sich um das Gegenteil zu oben handeln: Die Person ist sehr weit in diesen Weg hineingegangen oder es herrscht Rückenwind. Im Fall von Rückenwind muss man dem Hund nun folgen und ihm die Möglichkeit geben, bis zu 10 Meter über den Wendepunkt der Person hinaus die Spur ausarbeiten zu können. Der Geruch wird ab dort dünner und dünner und der Hund wird schließlich drehen. Ist die Versteckperson tatsächlich zu weit in den Weg hineingegangen, muss ihr klar gemacht werden, sich unter allen Umständen exakt so zu verhalten, wie ausgemacht war. Wir wollen in diesem Stadium den Hund ausbilden, nicht austesten.
Die andere Möglichkeit wäre: Der Hund hat etwas viel Interessanteres entdeckt, dem er nun nachgehen möchte. Dazu sei nochmals an das Kapitel über Ablenkungen erinnert.

■ **Der Hund dreht auch bei der richtigen Abzweigung.**
Ein Großteil der Hunde läuft bei einer Kreuzung zuerst in die richtige Abzweigung hinein und dreht dann bereits sehr schnell nach 2 bis 3 Metern. Danach zeigen sie ein deutlich intensiveres Suchverhalten bei allen weiteren, aber falschen Optionen, die aber ebenfalls mit einer Drehung, also einem klaren Negativ abgeschlossen werden. Warum die meisten der Hunde bei der ersten, richtigen Option nur kurz kontrollieren, im Weiteren jedoch die sämtliche anderen Optionen aussuchen, darüber können wir nur Vermutungen anstellen. Ob diese erste Kontrolle ihrer räumlichen Orientierung dient und sie den gesamten „eingesalzenen" Bereich ausschließen wollen, um nach der „Regel der geringsten Entfernung" möglichst rasch zum Ziel zu gelangen, wurde noch nicht näher untersucht. Die Verhaltensforschung hat allerdings nachgewiesen, dass Hunde, wenn sie die Möglichkeit dazu haben, die anstrengende „geistige Leistung" in der Wegfindung reduzieren und trotz des höheren physischen Energieaufwandes den „sicheren Weg" bevorzugen (Miklósi, 2011).

Der Handler sollte diesen Bewegungsablauf genau beobachten und sich diese erste, sehr schnell und negativ abgehandelte Richtung merken und den Hund die anderen weiter ausarbeiten lassen. Danach bringt man ihn aktiv nochmals an diese erste Abzweigung und schickt ihn ein paar Meter weiter hinein. Sobald man auch hier wieder feststellt, dass die Körperspannung steigt und er mit dem Kopf in eine Vorwärtsbewegung „abtaucht", lobt man ihn kurz verbal und folgt ihm weiter.

Das Suchen des richtigen Abgangs

Neben der Kreuzungsarbeit gehört das Suchen des richtigen Abgangs zu den wichtigsten Techniken, wenn es nicht sogar als die wichtigste Sache schlechthin zu bezeichnen ist. Hat der Handler verstanden, wie Kreuzungen auszuarbeiten sind, leuchtet die Vorgehensweise am Abgang fast schon automatisch ein.

Für diese Übung suchen wir uns zu Beginn wieder eine ruhige Umgebung. Am besten eignen sich hierfür Parkplätze in Naherholungsgebieten oder am Waldrand mit natürlichem Boden und mehreren Ausgängen. Die Versteckperson wird von einem Helfer mit dem Auto auf diesen Parkplatz gebracht. Achtung: Auch hier sollten, spätestens wenn das Fahrzeug in die Nähe des Parkplatzes kommt, die Fenster geschlossen sein und die Lüftung aus- bzw. auf Umluft geschaltet werden.

Die Versteckperson steigt irgendwo am Parkplatz aus und verlässt diesen über einen der Ausgänge, um sich danach nur etwa 150 Meter weiter so zu verstecken, dass sie vom Parkplatz aus keinesfalls gesehen werden kann. Der Chauffeur darf nun wieder abreisen.

Der Handler kommt kurz darauf mit seinem Hund im Auto auf den Parkplatz und lässt den Vierbeiner vorerst noch im Wagen. Natürlich wurde vorher abgesprochen, über welchen Ausgang die Versteckperson verschwindet, wir wissen also Bescheid. Aber wir lassen uns nun auf die Vorstellung ein, dass wir nur die Information zur Verfügung haben, die gesuchte Person sei zuletzt irgendwo auf diesem Parkplatz gesehen worden.

Bevor man den Hund auspackt, macht man sich zuerst selbst in aller Ruhe ein genaues Bild von den örtlichen Begebenheiten, um festzustellen, welche offensichtlichen Möglichkeiten es gibt, diesen Parkplatz zu verlassen. Danach holt man den Hund und setzt ihn an der ersten dieser Möglichkeiten wie gewohnt an. Nachdem wir zuerst ja wissen, wohin die Versteckperson verschwunden ist, wählen wir bewusst einen falschen Ausgang für den Start. Jetzt kommt uns die Technik zugute, die wir bereits bei den Kreuzungen erlernt haben. Der Hund wird ein paar Meter aus dem Parkplatz hinaussuchen, während wir Leine nachgeben,

Energiesparprogramm: den Hund am Geschirr nehmen und weiterbringen.

wir laufen wiederum nicht sofort mit ihm mit. Kommt er wieder zu uns zurück, Leine wieder aufnehmen und Platz machen.

Nach kurzer Zeit werden wir feststellen, dass der Hund in unserem Umkreis nur mit Drehungen und 180-Grad-Bögen unterschiedlichster Radien antwortet und uns damit zu verstehen gibt, dass er hier nichts findet. Ein dezentes „Fein gemacht" ist hier angebracht, dann nimmt man die Leine vom Geschirr, befestigt sie am Halsband des Hundes und führt ihn, wie beim Gassi-Gehen, zum nächsten Ausgang des Parkplatzes. Der Hund bleibt dabei im Geschirr.

Beim nächsten möglichen Ausgang wird die Leine wieder am Geschirr einge-hakt, dem Hund wird der Geruch hier nicht erneut präsentiert, er wird lediglich mit einem „Zeig mir, wo er/sie ist" aufs Neue auf die Suche geschickt. Man sollte zu Beginn dieser Übung maximal zwei bis drei falsche Optionen testen, bevor man den Hund zum richtigen Ausgang bringt. Später kann man das Spiel aus-dehnen und ihn vier bis fünf falsche Abgänge aussuchen lassen und den Hund, anstatt die Leine umzuhängen, einfach am Geschirr nehmen und von A nach B bringen.

Diesen Vorgang wiederholt man nun, bis man an den abgesprochenen Aus-gang kommt. Zeigt der Hund nun ein deutlich anderes Verhalten, nämlich dasje-nige, das wir bereits bei der Kreuzungsarbeit beobachten konnten, wenn er die richtige Spur ausgemacht hat, dann folgen wir ihm und sollten nach kurzer Zeit unsere Versteckperson erreicht haben.

Häufige Probleme und deren Lösung

■ **Der Hund will bei mehreren Ausgängen hinausziehen, wir wissen aber, dass mindestens einer davon falsch ist.**

In dem Fall sollte man auf den Wind achten. Wenn der Wind Geruchspartikel der Versteckperson durch diesen falschen Ausgang verblasen haben könnte, dann lassen wir ihn eben etwas weiter aus dem Parkplatz hinausarbeiten, bis er dreht. Zeigt er an mehreren Ausgängen gleiches Interesse, prüft man diese gegebenenfalls nochmals und vergleicht Körper- und Leinenspannung. Irgendwo sind Zug und Beharrlichkeit überzeugender.

Des Weiteren stoßen wir hier wieder auf sämtliche Schwierigkeiten, welche bereits oben bei den Kreuzungen behandelt wurden.

Gar nicht so selten hören wir den Einwand, was diese Technik bringen solle, wenn die Person keinen offensichtlichen Ausgang gewählt hat, sondern durch das Gebüsch geschlüpft, über einen Zaun geklettert oder gar in ein anderes Auto umgestiegen und damit weggefahren ist. Diese Frage ist absolut berechtigt und die Antwort ist denkbar einfach: Wir wählen diese Vorgehensweise vor allem aus einem Grund – wir sparen Zeit und Energie und steigern damit die Effizienz des Teams.

Natürlich kann es sein, dass die Person sich abseits der offiziellen Wege vom Parkplatz entfernt hat. In diesem Fall würden wir, sofern wir bereits so weit fortgeschritten sind, eine 360-Grad-Suche rund um den Parkplatz durchführen. Ist die Person irgendwo seitlich hinausgeschlüpft, wäre die Spur hiermit gefunden. Verglichen mit der oben erläuterten Überprüfung der Ausgänge ist diese Art der Suche für den Hund jedoch extrem anstrengend.

Führt die 360-Grad-Suche ebenfalls zu keinem Ergebnis, können wir ausschließen, dass die Person den Parkplatz zu Fuß verlassen hat und es uns und dem Hund ersparen, im angrenzenden Wald weiterzusuchen: Entweder handelte es sich bei der Auskunft, die Person wäre auf diesem Parkplatz zuletzt gesehen worden, um eine Fehlinformation, oder sie hat diesen in einem Auto wieder verlassen. Für einen Rettungseinsatz ist diese Information an dieser Stelle nicht hilfreich, da wir hier die Suche abbrechen. Geht es um eine strafrechtlich relevante Überprüfung, müssten wir an diesem Punkt mit anderen Techniken weiterarbeiten.

Wir sind davon abgekommen, negative Abgänge speziell als solche zu trainieren. Bei der Abgangssuche, wie hier beschrieben, zeigt uns der Hund bereits bei jeder Option, welche die Versteckperson nicht gelaufen ist, deutlich an, dass hier nichts zu holen ist. Es ist somit eigentlich unnötig, den Hund bewusst an Stellen zu bringen, an welchen die gesuchte Person niemals war und ihn für das Anzeigen dieser Tatsache auch zu belohnen, wie viele Ausbildungsmethoden dies empfehlen. Man riskiert dadurch bestenfalls, dass der Hund sehr schnell auf die Idee kommt zu testen, ob anzuzeigen, dass hier kein Scent zu finden ist, vielleicht schon ausreichen könnte, um an die erhoffte Belohnung zu kommen.

Jetzt wird's hart – Übergang auf Asphalt und Beton

Bislang haben wir unsere Trails ausschließlich auf weichem, natürlichem Boden gelegt. Langsam sollten wir nun dazu übergehen, die Hunde an Asphalt und feste, künstliche Untergründe zu gewöhnen. Wir verlassen somit die Domäne des natürlichen Suchareals unserer Hunde. Dieser Schritt sollte mit Sorgfalt durchgeführt und das Verhalten des Hundes dabei genau beobachtet werden.

Manchen Hunden macht ein abrupter Wechsel von natürlichem auf festen Untergrund überhaupt nichts aus, manche haben ordentlich Probleme damit. Der Hund hatte bislang noch die Möglichkeit gehabt, sich auch an Bodenverletzungen zu orientieren. Wenngleich der Trailer sich nicht darauf verlassen sollte, über Bodenverletzungen zu arbeiten, haben wir ihm den bisherigen Aufbau damit

Auch hier sollte man mit kleinen Schritten beginnen.

vereinfacht, um ihm das gewünschte Verhalten beibringen zu können. Wir sind getreu unserer Devise vorgegangen: Soll der Hund eine bestimmte Sache lernen, gestalten wir ihm alles andere dafür einfacher.

In diesem Stadium sollten wir nun beginnen, die Versteckperson eine asphaltierte, verkehrsarme Straße queren zu lassen. Klappt das anstandslos, kann der Trailverlauf bereits längere Zwischenstücke mit asphaltiertem Boden beinhalten. Tauchen Probleme auf, so ist auch hier der Handler gefragt, um seinem Hund über die Straße zu helfen, ähnlich wie vorhin bei den Abgangspunkten und den Kreuzungen. Erfahrungsgemäß wird es nicht lange dauern, bis ein Hund, der damit anfangs noch Schwierigkeiten hat, sauber über die asphaltierte Strecke kommt.

Die betonierten und asphaltierten Abschnitte werden in nächster Zeit immer länger und länger. Die Trails selbst sollten freilich wieder sehr einfach gehalten werden. Nur so können wir feststellen, ob der Hund zu zögern beginnt, weil ihm eventuell noch die Kondition fehlt. Auch halten wir die gesamte Traildistanz fürs Erste noch kürzer als bisher. Die Arbeit auf festen Untergründen ist für den Hund weit anstrengender: Erstens fallen die unterstützenden Bodenverletzungen weg, zweitens kommen auf der Straße in der Regel noch Gummiabrieb von Reifen, Abgase und ähnlicher unsichtbarer olfaktorischer Unrat hinzu, der eine Hundenase stark beleidigen kann, insbesondere wenn sie konzentriert arbeiten soll.

Wenn wir sehen, dass der Hund seine Aufgabe auf diesem neuen Untergrund schon gut beherrscht, beginnen wir wieder Splits einzubauen und kleine Kreuzungen auszuarbeiten. Kleine Kreuzungen entsprechen bestenfalls den Kreuzungen von Wohnstraßen in ruhigen Siedlungen. Nun schraubt man die Anforderungen auf festem Boden und Untergrund langsam hoch, bis sich das Team auf demselben Leistungsniveau befindet, das es bislang auf natürlichem Boden gezeigt hat. Die Arbeit auf Wald- und Wiesenböden soll jedoch deshalb nicht ad acta gelegt werden, der Hund soll sich schließlich mit jeder Art von Untergrund zurechtfinden.

Scent und Umwelt

Manche Trailer greifen zu allen möglichen Erklärungen, warum der Hund nicht gefunden hat. „Die Spur wurde verblasen" oder „Das hat sich dort verfangen" oder „Hier bleibt nichts haften". Bohrt man dann ein wenig nach, stellt sich oft heraus, dass es mit den Grundkenntnissen über Umwelteinflüsse nicht weit her ist.

Nicht selten sehen wir auch, dass der Hund in seiner Arbeit unterbrochen wird, weil er angeblich an einer Stelle suchen würde, wo gar nichts zu finden wäre. Warum aber der Hund da ganz zu Recht sucht und warum dort, wo die Versteckperson tatsächlich entlanggelaufen ist, unter Umständen keinerlei Scent mehr vorhanden ist, entzieht sich zunächst dem Verständnis des Handlers. In der Stadt können aufgrund wesentlich glatterer Untergrundstrukturen im Vergleich zu natürlichem Boden solche vorerst verwirrenden Erscheinungen noch deutlicher zu Tage treten.

Temperatur und Wind

Woran wir in jeder Umgebung – egal ob im urbanen Raum oder am tiefsten Land – denken sollten: Die auf den bereits gut bekannten Rafts befindlichen Mikroorganismen beginnen ab Temperaturen von 40 °C und darüber ihre Reproduktion

Sowohl verschiedene Untergründe als auch Temperatur und Wind können eine Duftspur beeinflussen.

deutlich zu verringern und stellen diese bei Minusgraden unter 15 bis 18 °C gänzlich ein. Das ist auch der Grund, warum Fleisch in der Tiefkühltruhe für Monate haltbar ist. Ein Trail bei derart niederen Temperaturen wird nur noch bei ganz frischen Spuren von Erfolg gekrönt sein. Man muss sich also nicht wundern, wenn der Hund bei extremer Kälte keine Anzeichen mehr macht, die Spur zu finden. Warum er bei 40 °C und darüber trotzdem noch Scent vorfindet, wird im Weiteren näher erläutert. Die notwendigen theoretischen Grundlagen dafür führen uns als erstes zu der Frage, wie wir die Rafts eigentlich verlieren.

Wir geben bekanntlich ständig Unmengen an abgestorbenen Hautzellen an unsere Umgebung ab. Schätzungen gehen hierbei von etwa 40.000 pro Minute aus. Nun ist es jedoch nicht so, dass diese ausschließlich unten aus den Hosenbeinen herauspurzeln, sondern sie treten hauptsächlich über den Kragen bzw. den Kopf ihren Weg in die Umwelt an.

Verantwortlich für diesen Effekt ist der sogenannte Body Air Current, ein thermischer Aufwärtsluftstrom entlang des menschlichen Körpers, der dadurch entsteht, dass der menschliche Körper in der Regel wärmer ist als seine Umgebungstemperatur. Bedenkt man nun, dass eine abgestorbene Hautschuppe etwa 0,07 Mikrogramm (0,00000007 g) wiegt und etwa 15 Mikron (0,015 mm) groß ist, ist es einleuchtend, dass dieses zarte Ding nicht sofort zu Boden plumpst wie ein Stein. Ähnlich wie auch Zigarettenrauch, der zuerst eine Weile in der Luft schwebt und sich erst nach dem Erkalten in Form seiner feinsten Partikel, bedingt durch die Schwerkraft, in seiner Umgebung absetzt, benötigen auch die Hautschuppen eine ganze Weile, bis sie schließlich am Boden landen. Ein Hund, der eine gerade mal 5 bis 10 Minuten alte Spur verfolgt, wird also mit relativ hoher Nase suchen. Er bewegt sich zu diesem Zeitpunkt durch eine Art Geruchstunnel, den die noch in der Luft schwebenden Rafts der Versteckperson bilden.

Weht nun der Wind, während eine Person ihres Weges geht, so kann man sich unschwer vorstellen, dass diese Partikel etliche Meter von der eigentlichen Laufspur entfernt zu Boden sinken. Allerdings sollte man die Auswirkungen von Luftströmungen auch nicht überschätzen. In der Regel finden sich entlang eines Weges ungezählte Objekte, wie Bäume, Gebüsch, Mauern usw., die das ungehinderte Abdriften der Rafts verhindern. Auch sind wir Menschen in der Regel minimal elektrostatisch aufgeladen, was die Partikel, die wir verlieren, damit ebenso betrifft, und was zur Folge hat, dass sie durch diese statische Aufladung zu anderen Objekten hingezogen werden, welche die gegenteilige Ladung besitzen. Unter normalen moderaten Witterungsbedingungen laufen gute Hunde einen Trail auch nach zwei Tagen noch genau entlang der originalen Spur, sodass sie von dieser maximal 5 Meter nach links oder rechts abweichen.

Einfluss der Sonne

Sobald der Scent am Boden angelangt ist, kommen aber andere Effekte zum Tragen. Einen der wichtigsten Umwelteinflüsse hierbei stellt die Sonne dar. Wo Sonne ist, ist Wärme, und wo Wärme ist, entwickeln sich all diejenigen Mikroorganismen, welche für die Geruchsbildung verantwortlich sind, besser als an kalten schattigen Stellen. Aber es entstehen auch thermische Effekte und Thermik bedeutet immer Bewegung der Luft. Thermische Auswirkungen dürfen nicht unterschätzt werden. Obwohl das Wetter für uns Menschen absolut windstill erscheinen mag, existieren gerade in Bodennähe Luftströme, die den Scent mit sich mitführen und die für uns ohne technische Hilfsmittel niemals wahrnehmbar sind.

Stellen wir uns eine Straße in einem Siedlungsgebiet gegen 6 Uhr morgens im April vor. Es dämmert gerade und eine Person läuft die Straße auf der linken Seite hinunter. Gegen 8 Uhr morgens ist die rechte Straßenseite nun von der Sonne beschienen; der Asphalt erwärmt sich in diesem Bereich im Vergleich zur linken Seite signifikant. Die darüber liegende Luft beginnt aufzusteigen und durch den dadurch entstehenden Unterdruck wird Luft von der linken Seite der Straße, die noch immer im Schatten liegt, auf die rechte Seite hinübergezogen. Die Wärme rechts bewirkt ferner, dass die Mikroorganismen sich ungleich stärker zu vermehren beginnen als auf der linken Seite. Folgt nun ein Hund gegen 9 Uhr

Wenn eine Straßenseite in der Sonne und die andere im Schatten liegt, wird der Scent – wie hier dargestellt – beeinflusst.

Thermische Effekte entstehen auf der von der Sonne beschienenen Hauswand.

dieser Spur, wird er unweigerlich auf der rechten Seite laufen, da er zu diesem Zeitpunkt hier wesentlich bessere Bedingungen vorfindet als auf der linken.

Gegen 14 Uhr, die Sonne ist inzwischen weitergewandert, liegt jetzt die rechte Seite im Schatten, während die linke Straßenhälfte von der Sonne beschienen wird. Der Effekt ist nun derselbe, nur seitenverkehrt. Hunde, die auf diesem Trail sind, werden sich daher eher wieder an der linken Straßenseite orientieren als an der rechten.

Ein weiteres Phänomen dieser Art finden wir in aufsteigenden oder abfallenden Passagen, insbesondere, wenn diese extrem der Sonne ausgesetzt sind oder im Dauerschatten liegen, damit also immer wesentlich kühler sind als die umgebenden Wegoptionen. Egal, ob der Hund in einer solchen Situation früh ein Negativ zeigt oder mit viel Körperspannung hineinzieht – hier dürfen wir ihm nicht zu schnell vertrauen. Durch thermische Einflüsse zeigt der Hund hier unter Umständen eine Spur an, wo keine ist, oder er findet nichts, obwohl der eigentliche Trailverlauf hier entlangführt. Die einzige Alternative, die einem als Handler bleibt, ist, ihm entweder weit genug zu folgen, dies aber sehr verhaltenen Schrittes, oder den Hund tiefer in die Passage reinzubringen, die er verfrüht als Negativ abgetan hat.

In solchen Situationen sollte man jede Handlung des Hundes auf alle Fälle hinter-
fragen.

In dem Fall dreht der Hund an dieser Stelle zu Recht und zeigt ein Negativ an.
Die Thermik „zieht" den Geruch nach oben, was für den Hund bedeutet, dass in
weiterer Folge der Scent nach unten immer dünner wird. Somit zeigt er also an:
Hier läuft die Spur aus. Der Hund kann allerdings keine Ahnung von thermischen
Prozessen haben, schon gar nicht in Städten. Hier ist das Wissen des Handlers
gefragt!

Thermische Effekte

Auf aufgeheizten Böden können extreme thermische Effekte auftreten. Gänzlich
analysieren wird man diese während eines Trails niemals können. Es ist an Som-
mertagen zum Beispiel möglich, dass die Bodentemperatur bei weit über 50 °C
liegt – wer schon einmal im Sommer barfuß über Asphalt oder Beton gelaufen
ist, kann ein Lied davon singen. 2 bis 3 cm über dem Boden beträgt die Temperatur jedoch „nur" 35 °C, ab 30 cm bis 50 cm Höhe vielleicht 28 °C, während es
in 2 Metern Höhe vergleichsweise angenehm kühl sein mag.

Die Luft, welche infolge des aufgeheizten Untergrundes durch mehrere
Schichten nach oben steigt, nimmt natürlich auch die eine oder andere Hautzelle

mit, ein leichter Seitenwind kann diese bereits wieder einige Meter weitertragen, wo sie aber nicht wieder zu Boden sinkt, sondern durch die Thermik eventuell in 30 bis 50 cm Höhe gehalten wird. Während sie hier in der Luft schwebt, steigt bei diesen erträglicheren Temperaturen auch die Aktivität der Mikroorganismen auf der Zelle wieder an, sodass der Hund letztendlich wieder in der Lage ist, einer Spur zu folgen. Geht die Sonne unter oder zieht sich die Wolkendecke zu, kühlt der Boden selbst rapide ab, während die Temperatur jedoch in den höheren Luftschichten konstant heiß bleibt. Je nachdem, in welcher Schicht sich nun die eine oder andere Hautzelle befindet, sinkt sie entweder zu Boden oder wird durch das warme Luftkissen weiter auf einer Höhe von 30 bis 50 cm oder mehr gehalten.

Damit wird verständlich, warum ein Hund einer schon älteren Spur unter diesen Bedingungen mit hohem Kopf folgt, obwohl es eigentlich logisch erscheinen würde, dass sich in der Zwischenzeit alle Partikel zum Boden abgesenkt haben müssten. Es kann auch eine Erklärung dafür sein, warum ein Hund bei heißen Temperaturen überhaupt noch in der Lage ist zu finden, nach den Gesetzen der Biologie müssten doch bereits sämtliche Mikroorganismen bei den extremen Bodentemperaturen restlos abgestorben sein.

Die Betonung liegt hier auf „kann sein" und nicht auf „ist eine Erklärung". Im Rahmen dieses Buches ist es nicht möglich, sämtliche Eventualitäten, welche sich auf einem Trail ereignen können, zu berücksichtigen und zu erklären. Hier spielt die Erfahrung und vor allem die Intuition des Handlers eine entscheidende Rolle, die umso untrüglicher wird, je mehr Wissen über physikalische Grundlagen und die Gesetze von Thermik und Geruchsentwicklung er sich aneignen konnte. Daher sollen hier so viele Faktoren wie möglich angeführt werden und wir raten dazu, diese in der jeweiligen Situation auch zu bedenken.

Auch die Helligkeit von Flächen hat Einfluss auf die Thermik. Dunkle Flächen absorbieren das Licht, während helle es reflektieren, was die allseits bekannte Auswirkung hat, dass dunkle Flächen sich in der Sonne wesentlich stärker erwärmen als helle. Dies kann wiederum Gegenströmungen im Bodenbereich auslösen, die exakt entgegen der Windrichtung verlaufen, welche der Handler auf seiner Höhe wahrnimmt. So entlockt es dem erfahrenen Trailer immer wieder ein Schmunzeln, wenn er Kollegen dabei zusieht, wie sie mit kleinen Talkumfläschchen oder Puder die Windrichtung in 1,5 Metern Höhe kontrollieren. Der Boden liegt viel tiefer und die Nase des Hundes ebenso. In diesem Zusammenhang ist es auch hilfreich zu wissen, dass kühle Luft sich immer langsamer bewegt und nicht so stark zu Verwirbelungen neigt wie warme Luft.

Thermische Effekte in freier Natur

Diese thermischen Effekte wirken sich in freier Natur wiederum ganz anders aus. Insbesondere die Bergwelt hat diesbezüglich ihre Tücken. Während sich in der

Ein Szenario für Talwind.

Stadt aufgrund der dichten Bebauung viele Hindernisse vorfinden, die ein beliebiges Abdriften des Scent über weite Strecken blockieren, kann der Scent auf Bergen mit ihren oft weitläufigen Flächen zwischen der bestehenden Bewaldung oft hunderte Meter auf- oder abwärts wandern.

Das bedeutet nun nicht, dass die komplette Geruchsspur um solche Distanzen versetzt wird, vielmehr kann sie über eine sehr große Fläche verteilt werden. Auf dieser Fläche verringert sich damit natürlich auch die Konzentration des Geruches, sie wird dünner. Der Hund muss sich wesentlich mehr anstrengen, um noch Geruch wahrnehmen zu können, und gegebenenfalls muss der Handler ihn an Stellen bringen, an denen sich diese Effekte weniger stark auswirken.

In der Nacht kühlt die Luft in offenem Gelände schneller ab als in bewaldetem Gebiet, zieht sich also zusammen und zieht somit die wärmere Luft nach. Kühle Luft strömt in der Nacht nach unten, kann sich aber vor Hindernissen und Pflanzengruppen aufstauen.

In bergigen Regionen werden meist die oberen Bereiche durch die aufgehende Sonne zuerst beschienen. Sie erwärmen sich und ziehen die kühlere Luft von unten bergauf. Bergsteiger kennen diese Luftströmungen als sogenannten Talwind.

Am Nachmittag, wenn die Sonne auch die Täler erreicht und aufheizt, sind diese dagegen in der Regel wärmer als die höheren Regionen. Vom Boden aus steigt die Luft durch die Erwärmung steil nach oben, zieht aber andererseits Luft in Bodennähe aus den höheren Gebieten nach, was in Bodennähe also eine Luftströmung bergab bewirkt. Dieses Phänomen wird als Bergwind bezeichnet.

Nun könnte man eigentlich denken, es wäre ratsamer, am Morgen im noch schattigen Tal mit dem Hund zu arbeiten und am Nachmittag, wenn es im Tal heiß ist, sich eher auf die kühleren höheren Regionen zu konzentrieren. Tatsächlich ist aber genau das Gegenteil der Fall, da uns Tal- und Bergwind einen gehörigen Strich durch die Rechnung machen würden. Am Morgen empfiehlt es sich also prinzipiell, in höheren Regionen zu arbeiten, während der Nachmittag sich für die niederen Gebiete besser eignet.

Einfluss von strukturierten Oberflächen

Kommen wir nun wieder zurück in die Stadt. Gerade hier werden wir oft feststellen, dass die Hunde sich stark entlang an Hausmauern, Hecken und Ähnlichem orientieren. Wer nun glaubt, sein Hund praktiziere diese Kontrollen ausschließ-

An strukturierten Oberflächen bleiben die Rafts selbst bei starkem Wind gut hängen.

lich, weil er lediglich daran interessiert sei, die Markierungen seiner Fellkollegen zu erschnuppern, und ihn davon abzieht, tut dem Hund unter Umständen Unrecht. Wie wir bereits erfahren haben, ist der Scent oft auch noch nach längerer Zeit in einer Art Schwebezustand und kann von vorhandenen Seitenwinden oder Luftströmungen seitlich abgelenkt werden. Hausmauern weisen in der Regel eine sehr raue Struktur auf, was nun bewirkt, dass die Hautpartikel darin gut und häufig unverrückbar hängen bleiben. Ebenso verhält es sich bei Hecken, Sträuchern und sonstigem Gebüsch, die abgesehen von ihrer strukturierten Oberfläche auch Schatten produzieren, der ein Absinken der Luft und damit auch der darin enthaltenen Hautpartikel bewirkt.

Ein besonderes Phänomen finden wir an Kreuzungen, Passagen, Brücken, Unterführungen und Wegen entlang stark befahrener Straßen vor.

In Passagen und Unterführungen herrschen oft Tunnel- oder sogenannte Kamineffekte mit mehr oder weniger starkem Luftzug. Je nachdem, ob man nun gegen den Luftstrom oder mit diesem eine Passage läuft, kann es sein, dass der Hund entweder sehr schnell dreht und der Meinung ist, hier wäre die Spur zu Ende, obwohl das nicht der Fall ist, oder er zieht wie verrückt hinein, weil die Strömung den Geruch mit in diese Passage genommen hat. Hier ist Mitdenken

Überdachte Passage im Schatten: Hier sollte man den Hund durchführen und kontrollieren lassen.

Brücken am Trail erfordern aktive Unterstützung des Handlers.

angesagt: Dreht er sehr schnell, bringen wir ihn am besten komplett durch eine kurze Passage oder Unterführung oder tief genug hinein, falls diese sich über eine längere Strecke hinzieht. Im umgekehrten Fall gehen wir nur verhalten mit ihm mit.

Auch Brücken zählen zu den klassischen Stolperfallen. In den meisten Fällen wird der Hund auf der Brücke nämlich behaupten, dass es hier nichts zu finden gibt. Die Erklärung dafür ist einfach: Entweder der Hund will nicht über die Brücke, was insbesondere bei schwankenden Hängebrücken im Gebirge oder bei Gitterbrücken der Fall sein kann. Brücken wie die abgebildete, die zugegebenermaßen ein extremes Beispiel darstellt, „halten" den Scent nicht sehr lange.

Aber auch wenn der Boden der Brücke befestigt ist, wird der Wind sehr viel Scent bzw. Geruch von der Brücke abtragen. Für den Hund bedeutet das, dass die Spur schwächer und schwächer wird, je weiter er auf die Brücke kommt, was für ihn heißt, dass die Spur hier abreißt. Hier gilt prinzipiell: den Hund über die Brücke bringen und einige Meter dahinter kontrollieren, ob wirklich kein Scent zu finden ist.

Regen und Schnee

Regen ist für den Hund kein großes Hindernis. Sehen wir einmal von tagelangen sintflutartigen Regenfällen ab, so stellt Regen innerhalb der ersten 36 Stunden sogar ein optimales Feuchtigkeitsklima für die Entwicklung diverser Mikroorganismen her. Selbst ein kurzer Platzregen oder ähnliche ungemütliche Bedingungen sind kein Problem. Bei anhaltenden heftigen Regenfällen, bei denen das Wasser in Bächen die Straßen überflutet, wird es für den Hund schon kritischer, da er oft nur noch partiell am Straßenrand etwas Scent findet. Solche Regenfälle wirken wie eine Dusche, die alles wegspült. Auch wenn immer noch etwas Scent hängen bleibt, wird vom Hund viel Ausdauer und Erfahrung erfordert, da die Suche nach den wenigen verbliebenen Fragmenten natürlich auch viel anstrengender wird.

Kein Problem stellt auch lockerer Schnee dar, der über der gelaufenen Spur zu liegen kommt. Schnee ist porös und wirkt außerdem wie eine schützende Isolierschicht. Die Arbeit von Lawinenhunden, welche Opfer, die selbst unter meterdicken Schneeschichten begraben liegen, noch ausmachen können, ist hinlänglich bekannt. Sollte die Schneeschicht über der Spur allerdings festgetreten, festgefahren oder an der Oberfläche gefroren sein, kann der feste oder zu Eis verkrustete Schnee die Spur regelrecht verschließen. Die Suche wird schwieriger oder im Extremfall sogar unmöglich.

Gewässer

Weitere Besonderheiten treten in der unmittelbaren Nähe von Gewässern auf. Immer wieder wird in Trailerkreisen die Ansicht vertreten, Wasser ziehe Geruch an. Rein wissenschaftlich betrachtet ist das schlichtweg Unfug. Rechtfertigen ließe sich dieser Aberglaube vielleicht noch durch den Umstand, dass die Oberfläche eines Gewässers in der Regel kühler ist als der feste Boden am Ufer. Der thermische Effekt bewirkt, dass alle Geruchsteilchen, die über einem Gewässer schweben, nicht lange in der Schwebe bleiben, sondern bedingt durch die Abluft über dem Wasser wesentlich schneller nach unten sinken als diejenigen über festem Grund.

Auf dem Gewässer angekommen, treiben die Partikel bedingt durch die Oberflächenspannung oben auf. Handelt es sich um stehende Gewässer, verteilen sie sich im Laufe der Zeit gleichmäßig über die gesamte Oberfläche und setzen sich am Rand des Gewässers am Ufer ab. Für den Trailer wirkt sich das so aus, dass der Hund, je nachdem, nach welcher Zeitspanne das Team an das Gewässer kommt, überall im Uferbereich Geruch der gesuchten Person findet. Hier stellt sich nun die Frage, ob die gesuchte Person nun vielleicht doch im Wasser verschwunden sei. Sicherlich wäre auch das eine Möglichkeit. Bevor nun aber Taucher oder Wassersuchhunde angefordert werden, empfiehlt es sich, zunächst alle möglichen Abgänge um den Teich bzw. – wenn es sich um einen größeren See handelt – um die entsprechenden Uferstellen, die der Hund anzeigt, herum zu kontrollieren. Findet der Hund hier wieder einen Abgang, der vom See wegführt, hat sich die Aktion gelohnt.

Suche im Uferbereich.

Bei fließenden Gewässern wird naturgemäß alles, was auf der Wasseroberfläche ankommt, sofort von der Strömung mitgenommen. Auch diese Teilchen bleiben den gesamten Bach- oder Flusslauf flussabwärts am Uferrand hängen. Zieht der Hund beim Trail an ein fließendes Gewässer und will unbedingt flussaufwärts am Ufer entlanglaufen, ist das oft ein Indikator dafür, dass die gesuchte Person entweder weiter oben, also flussaufwärts in Ufernähe ist oder sich zumindest dort eine Weile aufgehalten hat. Eventuell befand sie sich auch auf einer Brücke weiter flussaufwärts. Da es meistens nicht oder nur schwer möglich ist, einem Gebirgsbach oder Fluss direkt zu folgen, sollte man das Verhalten des Hundes im Hinterkopf behalten und versuchen, den Hund zurück auf die eigentliche Laufspur der gesuchten Person, der er zuvor noch gefolgt ist, zu bringen.

Glatte Böden und Treppen

In Umgebungen mit sehr glatten Böden wie zum Beispiel Einkaufszentren muss man damit rechnen, dass die Hunde sich ausschließlich an den seitlichen Rändern orientieren. Oft werden gerade Einkaufszentren regelmäßig, wenn nicht sogar fortlaufend gereinigt, meist mit Reinigungsmaschinen, die systematisch über das gesamte Areal gesteuert werden. Hier ist dann am Boden nicht mehr viel zu finden, allerdings bleibt Scent auch an den Wänden hängen.

Hunde tendieren auf Treppen dazu, nach unten zu ziehen.

Besonderes Augenmerk sollten wir auf Treppen legen. Handelt es sich um Treppenhäuser, so wird der Scent durch den dort zumeist herrschenden Luftzug – es werden ja immer wieder Türen in verschiedenen Stockwerken geöffnet und geschlossen – theoretisch das gesamte Treppenhaus hinauf- und hinabgewirbelt werden. Ein Treppenhaus am Trail wird für den Hund nicht selten zur Falle, da er theoretisch in jedem Stockwerk Scent der gesuchten Person vorfinden kann, selbst wenn diese dort niemals gelaufen ist. Eine positive Anzeige des Hundes ist hier also immer kritisch zu hinterfragen. Im Extremfall muss man jeden möglichen Ausgang des Treppenhauses gesondert kontrollieren, ähnlich der Abgangssuche auf einem großen Parkplatz.

Wenn unsere Versteckperson auf Treppen im Freien unterwegs war, können wir beobachten, dass die Hunde hier gern nach unten ziehen und damit andeuten, die Spur würde nach unten verlaufen. Verantwortlich dafür ist nichts anderes als die Schwerkraft, der natürlich auch die Rafts ausgeliefert sind. Also ist bei einer positiven Anzeige gesunde Skepsis angesagt.

Zeigt uns der Hund auf einer Treppe, die nach oben führt, sehr schnell ein Negativ, ist das demselben Umstand zuzuschreiben, das heißt, hier ist ebenfalls gewisses Misstrauen angebracht. Wir bringen den Hund über die Treppe nach oben, so wie wir ihn auch über eine Brücke bringen, und fordern ihn auf, dort nochmals zu kontrollieren.

Die Bedingungen in Tiefgaragen sind für den Hund äußerst unangenehm

Tiefgaragen erfordern ebenso eine spezielle Vorgangsweise. Nicht nur, dass sie in der Regel ebenfalls mit sehr glatten Böden ausgestattet sind und dass mit Verwirbelungen durch den Fahrtwind der Fahrzeuge zu rechnen ist, zusätzlich wird die sensible Hundenase von Gummiabrieb, Abgasen und Öl- sowie Benzinlachen erheblich beleidigt. Bemerkt man, dass der Hund hier schnell ermüdet bzw. andauernd einem Niesen ähnliche Geräusche von sich gibt, empfiehlt es sich, gerade bei größeren unterirdischen Parkanlagen, alle potenziellen Ausgänge auszumachen und diese einzeln zu kontrollieren, bevor man den Hund in der Garage komplett verheizt.

Ebenso sollte man vorgehen, wenn der Trail direkt über eine Tankstelle führt. Die dortigen Dämpfe stellen eine erhebliche Belastung für den hyperventilierenden Hund dar. Notfalls den Hund einfach an der Tankstelle vorbeibringen und alle möglichen Abgänge von dort weg kontrollieren.

Kreuzungen und Abgänge im urbanen Gebiet

Große Kreuzungen stellen Hund und Handler vor eine sehr anspruchsvolle Aufgabe. Um die Problematik zu veranschaulichen, wollen wir an dieser Stelle ein kleines Gedankenexperiment durchführen. Wir stellen uns vor, wir würden einen großen Sack, gefüllt mit Cornflakes, mit uns herumschleppen. Nur hat dieser Sack ein Loch, aus welchem sein Inhalt in stetem Fluss herausrieselt.

Dort, wo wir entlanggelaufen sind, findet sich eine kontinuierliche Spur von Cornflakes, die es einem Verfolger einfach macht, uns nachzugehen. Nun aber kommen wir an eine stark befahrene Kreuzung, die wir zu überqueren gedenken. Wir bleiben an der Kreuzung stehen, um abzuwarten, bis der Verkehr es uns erlaubt, diese zu überqueren. Während wir hier so stehen und warten, rieseln unentwegt Cornflakes aus unserem Sack, von welchen viele vom Fahrtwind der vorbeizischenden Autos in alle Winde verstreut werden. Schließlich gelingt es uns, die Kreuzung zu überqueren, vielleicht müssen wir dabei sogar laufen, was natürlich den Cerialienausstoß pro gelaufenen Meter erheblich reduziert.

Haben wir die Kreuzung endlich überquert, nehmen wir entweder auf der linken oder rechten Straßenseite wieder unseren Weg auf, der natürlich weiterhin mit Frühstücksflocken bestreut wird, wie auch schon vor der Kreuzung.

Der Handler muss gleichzeitig den Hund und den Straßenverkehr im Blick behalten.

Wenn wir in diesem Gedankenexperiment den Fokus jedoch erneut auf die soeben überquerte Kreuzung lenken, was sehen wir dann? Auf keinen Fall mehr die klare Spur, die wir noch vor der Kreuzung auf dem Gehweg hinterlassen haben. Vielmehr werden die Cornflakes mehr oder weniger gleichmäßig über den gesamten Kreuzungsbereich verteilt sein, in etwas höherer Konzentration an den Rändern, und vor allem: Sie werden in jede Richtung der sich kreuzenden Straßen weit hineingetragen worden sein.

Jetzt stellen wir uns mal unseren Verfolger vor. Ob dies nun ein Hund oder ein Mensch ist, der visuell nach Cornflakes sucht, spielt eigentlich keine große Rolle. Er sieht die ganze Zeit eine schöne, eindeutige Cornflakesspur vor sich. Bis er zur Kreuzung kommt. Hier verringert sich die Konzentration der Frühstücksflocken plötzlich drastisch, dafür sind sie weitläufig verteilt. Unser Verfolger wird sich also nun zwangsläufig in jede mögliche Richtung begeben müssen, um nachzusehen, ob die schöne, klar auszumachende Cornflakesspur irgendwo wieder beginnt. Nur am Kreuzungseingang oder gar mitten auf der Kreuzung stehenzubleiben und umherzuschauen, wird ihm nicht viel weiterhelfen.

Genauso ergeht es unserem Hund, wenn er uns auf der Suche an eine große Kreuzung bringt. Hier nun stehenzubleiben und zu erwarten, dass der Hund von selbst dahinter kommt, wie und wo es weitergeht, zeugt von einer ausgesprochenen Blauäugigkeit. Um diese Problemstellung effektiv und kräfteschonend für den Hund lösen zu können, ist mehr denn je Teamarbeit gefragt.

Unser Cornflakes-Experiment können wir jederzeit fiktiv wiederholen und dabei die Sonne auf einen Teil der Kreuzung scheinen lassen, während der andere Teil der Kreuzung im kühlen Schatten liegt. Oder wir denken uns eine Passage hinzu, die in die Kreuzung mündet usw. Wir wollen den Handler zum Denken bewegen, damit er seinen Hund bestmöglich zu unterstützen lernt und ihm in schwierigen Situationen weiterhelfen kann.

Für den nächsten Schritt in der Praxis suchen wir uns eine Straßenkreuzung in einem (noch) ruhigen Gebiet aus, die jedoch im Vergleich zu unseren Waldkreuzungen ordentliche Dimensionen aufweisen sollte. Das bedeutet, mindestens zwei Fahrspuren je Fahrbahn und Gehsteige an jeder Straßenseite. Je weniger befahren, aber auch je größer die Kreuzung, umso besser. Gut geeignet sind Kreuzungsbereiche in Industriegebieten am Wochenende; die Straßen sind hier extrem breit, da sie für große LKW ausgelegt sind, und an Wochenenden ist dort meist wenig bis gar nichts los.

Nehmen wir nun also an, es handelt sich um eine wie oben beschriebene klassische Kreuzung, in der sich zwei Straßen kreuzen, die eine von West nach Ost, die andere von Nord nach Süd. Unsere Versteckperson wandert von Süden her auf der linken Straßenseite auf den Kreuzungsbereich zu, überquert die

Kreuzung diagonal in Richtung Norden und wechselt dabei auf die rechte Straßenseite. Diese Spur sollte man zumindest so lange liegen lassen, bis einige Kraftfahrzeuge die Kreuzung passiert haben.

Unser Team nähert sich auf dem linken Gehsteig auf der Spur dem Kreuzungsbereich, also ebenfalls von Süden her. Zur Kreuzung hin wieder das übliche Spiel: Die Leine zum Hund wird verkürzt, indem man das eigene Tempo beschleunigt, um zum Hund aufzuholen.

An der Kreuzung selbst jedoch können wir den Hund nun nicht einfach aufs Geratewohl in die Abzweigung hineinlaufen lassen. Selbst wenn er eindeutig auf der Spur sein sollte, müssen wir bedenken, dass wir nun eine neue Technik erlernen, die wir später anwenden wollen, wenn wir an stark befahrene und von Ampeln geregelte Straßenkreuzungen kommen. Selbst eine Ampel auf Grün würde uns hier nichts nutzen, da wir ja wissen, dass unsere Person hinterlistigerweise diagonal über die Kreuzung gelaufen ist. Von einer Seite her hätten wir also mit starkem Verkehr zu rechnen, den wir momentan einfach in unserer Vorstellung vorbeifließen lassen.

Ferner werden wir in der Praxis nicht wissen, wo genau die Person langgelaufen ist und die Cornflakes aus unserem Experiment haben uns veranschaulicht, dass sich der Scent dieser Person über den gesamten Kreuzungsbereich verteilt hat. Wir dürfen also an diesem Punkt dem Hund weder blind vertrauen noch können wir ihn einfach ziehen lassen, wenn uns etwas an seinem Leben liegt.

Am sinnvollsten ist es nun, sich zuerst mit der Westseite zu befassen und hier mit dem südlichen Gehsteig, da wir hier einfach weiterarbeiten können, ohne die Straße überqueren zu müssen. Dazu nehmen wir den Hund am Geschirr, gehen ein paar Meter nach Westen und schicken ihn mit dem zuvor erlernten Hörzeichen „Kontrolle" oder „Check here" los. Während er nun lostrottet, laufen wir nicht gleich mit gewohnter Geschwindigkeit mit, sondern lassen langsam Leine nach, halten diese gespannt und folgen ihm bestenfalls gemessenen Schrittes. Nach einigen Metern wird der Kopf des Hundes immer weiter nach oben gehen, er wird langsamer werden und schließlich stehen bleiben. Früher oder später wird er zu drehen beginnen. In diesem Moment tritt der Handler zur Seite und lässt den Hund wieder zurückkommen an den Ausgangspunkt.

Was ist hier passiert? Der Hund benötigt einige Meter Abstand vom Kreuzungsbereich, um festzustellen, ob hier die Spur, wie in unserem Beispiel mit den Cornflakes, wieder intensiver oder ob sie dünner oder dünner wird, da hier nur mehr vereinzelte Partikel vorhanden sind, die vom Fahrtwind der Autos mitgetragen wurden. Wenn er dreht, sagt er uns eindeutig: „Negativ! Hier habe ich nichts mehr!"

Coe zeigt den typischen Bewegungsablauf beim Ausarbeiten einer großen Kreuzung.

Der Handler folgt dem Hund nur sehr verhalten ...

... und dreht sich, sobald der Hund wendet, sofort zur Seite, ...

... um ihn nicht körpersprachlich zu blockieren.

Wieder am Ausgangspunkt angekommen, nehmen wir den Hund nun erneut am Geschirr und überqueren die Straße in Richtung Norden. Hier wiederholen wir dasselbe Spiel in Richtung Westen, nur diesmal auf der gegenüberliegenden Straßenseite. Danach, wiederum ohne eine Straße zu überqueren, erneut in Richtung Norden auf der westlichen Straßenseite, um schließlich die Straße, die nach Norden führt, zu queren und sie erneut in nördliche Richtung zu kontrollieren, nun gegenüberliegend auf der östlichen Seite. Und dieser ist der richtige Weg, welchen unsere Versteckperson am Ende eingeschlagen hat, nachdem sie die Kreuzung von Süden her diagonal überquert hatte.

Wieder schicken wir den Hund mit unserem Hörzeichen los und beobachten ihn dabei genau. Nur wird er schon etwas kräftigeren Zug an die Leine legen und anstatt einer Drehung wird er uns vielmehr ein leichtes Absenken des Kopfes zeigen und in Kombination mit einer deutlichen Vorwärtsbewegung und aufkommender Körperspannung richtiggehend in die Spur „eintauchen".

Diese Übung sollte nun auf kurzen Trails variiert werden. Vielleicht ist die Trainingsumgebung so beschaffen, dass es sich anbietet, gleich zwei bis drei oder sogar vier aufeinanderfolgende Kreuzungen in kurzen Abständen zu bearbeiten. Dabei muss vorher jeweils genau festgelegt werden, wie die Versteckperson die Kreuzungen überquert; der Handler muss den exakten Verlauf genau kennen, andernfalls wird er dem Hund auch hier das gewünschte Verhalten nicht beibringen können.

Sobald diese Übung vom Handler und vom Hund beherrscht wird, kann man den Schwierigkeitsgrad langsam steigern, indem man sich immer stärker frequentierte Kreuzungen aussucht. Mehr bzw. fließender Verkehr bedingt unter Umständen jedoch, dass der Hund immer mehr Strecke benötigt, um festzustellen, dass es sich um eine negative Option handelt oder um eindeutig anzeigen zu können, dass er hier auf der richtigen Spur ist.

Hat der Hund auf diesem Wege gelernt, wie er in Teamwork mit dem Handler mit dieser Situation umgeht, wird man im Laufe der Zeit feststellen, dass er selbständig beginnt, Kreuzungen und Abzweigungen systematisch und effektiv auszuarbeiten.

Aufzüge als dreidimensionale Kreuzung

Ganz ähnlich kann man nun auch den Hund darauf vorbereiten, mit Aufzügen und Fahrstühlen umzugehen. Hat die Versteckperson bzw. die vermisste Person einen Lift bestiegen, so ist es natürlich fraglich, in welchem Stockwerk sie diesen wieder verlassen hat. Klappen die Kreuzungen schon gut, muss man sich einen Lift nur als eine dreidimensionale Kreuzung vorstellen.

Man betritt mit dem Hund den Lift an jener Stelle, an welcher der Hund auf die Lifttüre verweist. Nun macht man sich ein Bild davon, wie viele Stockwerke, also Optionen man zur Verfügung hat, und beginnt diese der Reihe nach abzuarbeiten. In jeder Etage, in welcher der Lift nun hält, schickt man den Hund aus dem Lift hinaus, um zu kontrollieren, ob die Person hier eventuell wieder ausgestiegen ist. Dieses Spiel wiederholt sich so lange, bis der Hund eindeutig anzeigt, dass es auf einem bestimmten Stockwerk weitergeht. Am besten beginnt man dieses Training mit Lifts in Hoch- oder Tiefgaragen, die nicht dieselbe hohe Personenfrequenz aufweisen wie zum Beispiel der Lift in einem Einkaufszentrum.

Häufige Probleme und deren Lösung

- **Mein Hund steht nur rum und schaut mich an, er lässt sich nicht in eine der Richtungen schicken, um dort zu kontrollieren.**

Das hat zwei Gründe: Erstens, der Lernschritt auf den Waldkreuzungen ist nicht entsprechend gefestigt. Der Hund versteht das Hörzeichen „Kontrolle" noch nicht. Das bedeutet: einen Schritt zurück und nochmals die Kreuzungen im Wald üben, bei welchen die Versteckperson in jede mögliche Option ein paar Meter hinein- und wieder hinausläuft.

Zweitens, und das ist der häufigere Grund: Wir haben es mit einem Quereinsteiger-Team zu tun, also ein Team, das schon seit Längerem trailt und sich hier nun eine neue Technik für Kreuzungen aneignen will. Auch in diesem Fall gehen wir auf den Aufbau im Wald zurück, denn aus Sicht des Hundes passiert hier Folgendes:

Er hat keine Ahnung, was eigentlich von ihm verlangt wird. Bislang lief das doch ganz anders. Das heißt: den Ablauf nochmals im Wald aufbauen oder zumindest so, wie im Kapitel „Kreuzungen und Abgang auf natürlichem Boden" beschrieben, oder für den Fall, dass der Hund schon feste Untergründe bearbeiten kann, gern auch in einem ruhigen Siedlungsgebiet.

Bisher war der Hund gewohnt, dass sein Mensch an Kreuzungen einfach stehen blieb und darauf wartete, dass der Hund sich für eine Möglichkeit entscheidet. Plötzlich beginnt dieser Mensch, aktiv ins Geschehen einzugreifen. Für den Hund bedeutet das vorerst mal eine verkehrte Weltsicht. Er wird diese neue Idee seines Menschen jedoch sehr bald und sehr gern annehmen – versteht doch auch er, dass ihm damit geholfen wird.

Die meisten Hunde, ob Quereinsteiger oder nicht, beginnen nach wenigen Wochen auch ohne die Aufforderung „Kontrolle" eine gewisse Routine zu entwickeln, das heißt, sie kontrollieren die Ausgänge aus der Kreuzung selbstständig, ohne weiteres Zutun des Handlers – wenn ihnen diese Technik richtig vermittelt wurde.

- **Im Training funktioniert das alles ganz gut, solange ich weiß, wo es langgeht. Kaum versuche ich mich aber an einer Kreuzung, deren genauen Verlauf ich nicht kenne, scheitere ich immer.**

Der Klassiker unter den Problemfällen. Die wahrscheinlichste Lösung ist die, dass hier zwar die Übungen wie beschrieben absolviert wurden, aber nicht so sehr auf die Körpersprache des Hundes geachtet wurde, wie es eigentlich hätte sein sollen. Jeder Hund ist ein Individuum und kein Buch der Welt kann beschreiben, wie sich dieses Individuum im Detail in unterschiedlichsten Situationen verhalten wird. Die einen heben die Rute ein wenig an, die anderen stärker, die einen beginnen kurz vor der Drehung, die ein Negativ bedeutet, leicht zu tänzeln, andere fallen in eine federnde Gangart. Einige halten einen Sekundenbruchteil inne, bevor sie einer richtigen Spur folgen, andere lassen sich mit vollem Gewicht fast vornüber ins Geschirr fallen. Es macht auch keinen Sinn, über die Stellung der Ohren zu schreiben, auf die manche Handler schwören. Wenn das nun für Schäferhunde mit Stehohren gilt, was soll dann der Schlappohrhundebesitzer damit anfangen?

Beschreiben können wir eigentlich nur, wie ein Negativ generell aussieht: Dieses wird bei jedem Hund eine annähernde 180-Grad-Drehung um die eigene Achse sein. Wie groß der Radius dabei ist, hängt schon wieder vom jeweiligen Hund ab. Wenn wir davon ausgehen, dass sich im Falle des Auffindens der richtigen Spur der Leinenzug vergleichsweise erhöht und die Körperspannung deutlich ansteigt, stellt sich die Frage, wie man Körperspannung überhaupt erkennt. Nun, auch die sieht bei einem Golden Retriever anders aus als bei einem Malinois und Mali A zeigt sie wiederum deutlicher als Mali B.

Was wir hiermit klar machen wollen: Wir bauen auch diese Übungen aus zweierlei Gründen damit auf, dass wir genau wissen, wo es langgeht. Zum einen, um dem Hund beizubringen, wie man große Kreuzungen ausarbeitet, und zum anderen, um ihn währenddessen andauernd genau zu beobachten, um selbst ein Gefühl für die Nuancen der Körpersprache des eigenen Hundes zu bekommen.

Wenn ein erfahrener Instruktor bei einem Seminar einen Hund das erste Mal sieht und dessen individuelle Körpersprache auf Anhieb zu deuten weiß, dann nicht deshalb, weil er zu Hause ein Lexikon stehen hat, in welchem für jede Rasse und jede Situation jede mögliche Feinheit der Körpersprache erklärt wird und er dieses auswendig gelernt hat. Vielmehr kann er Jahr für Jahr hunderte Hunde in ähnlichen Situationen beobachten und auf einen gewaltigen Erfahrungsschatz zurückgreifen.

Alte Spuren

Um das maximale Alter einer Spur, welcher der Hund noch folgen kann, ranken sich mehr Geschichten, Mythen und vor allem Märchen als in den gesammelten Heldensagen aller europäischen Kulturen zusammen. Wir werden hier mit Sicherheit keine Aussage treffen wie „Ein Hund ist in der Lage, einer Spur im Alter von X Tagen/Wochen/Monaten/Jahren zu folgen."

Wenn wir wissen, was eine Hundenase auf einem Trail, der älter als 36 bis 48 Stunden ist, noch erschnuppern kann, können wir uns ein besseres Bild davon machen, was von solchen Aussagen zu halten ist, insbesondere wenn wir die Umgebungsvariablen von heldenhaften Trails mit wochen- oder monatelanger Liegezeit etwas genauer hinterfragen möchten.

Haltbare Komponenten des Individualgeruchs

Zwei uns bereits bekannte Komponenten des Individualgeruchs, die der Mensch mit Einsetzen der Pubertät abgibt, können auf alten Spuren überdauern: Pheromonen ähnliche Stoffe und andere Steroide, die im apokrinen Schweiß enthalten sind.

Pheromone

Pheromone sind in der Tierwelt unter anderem dazu da, Spuren zu markieren: Wir brauchen nur an die uns so lästigen Ameisenstraßen denken, die sich beispielsweise durch die Küche ziehen. Auch wenn man die Straße verwischt, um der Plage Herr zu werden, verschwinden die Ameisen nur für kurze Zeit. Schon wenig später folgen die Arbeiterinnenkolonnen wieder unbeirrbar dem Weg zwischen ihrem Bau und der Nahrungsquelle.

Caniden grenzen ihr Territorium mithilfe von Pheromonen ab. Ein Wolf, der sein riesiges, oft mehrere hundert Quadratkilometer großes Territorium mittels Urin und Kot markiert, kommt häufig nur alle zwei Wochen an manchen Markierungspunkten vorbei. Trotzdem überdauert die Wirksamkeit seiner Markierung diese Zeitspanne.

Pheromone bestehen neben Fettsäuren unter anderem auch aus gesättigten und ungesättigten Kohlenwasserstoffen. Kohlenwasserstoffmoleküle sind extrem widerstandsfähige Gesellen, manche überdauern Temperaturen bis 800 °C und binden sich nicht so leicht mit anderen Stoffen. Die Existenz von Pheromonen beim Menschen ist zwar sehr wahrscheinlich, zum gegenwärtigen Zeitpunkt jedoch noch nicht eindeutig durch Studien nachgewiesen. Unumstritten dagegen ist die Existenz der Vomeropherine, ebenfalls auf Kohlenwasserstoffen basierender Hautsteroide, welche beim Menschen in hundertfacher Mannigfaltigkeit vorkommen.

147

Steroide

Steroide sind eine Stoffklasse der Lipide (Moleküle mit lipophilen Gruppen, in der Regel wasserunlöslich) und sind Derivate des Kohlenwasserstoffs Steran. Steroide haben eine starre Molekülgestalt, in der Regel einen relativ hohen Schmelzpunkt und lassen sich gut kristallisieren. Der Kohlenwasserstoff Steran ist eine aus den chemischen Elementen Kohlenstoff (C) und Wasserstoff (H) bestehende organische Verbindung. Sie können gasförmig (zum Beispiel Methan CH_4, Erdgas), flüssig (zum Beispiel Benzol C_6H_6, Erdöl, Benzin, Flüssiggas) oder fest (zum Beispiel das „Mottenpulver" Naphthalin $C_{10}H_8$) sein. Flüssige Kohlenwasserstoffe mischen sich nicht mit Wasser. Sie bilden daher mit Wasser zwei Flüssigkeitsphasen, wobei sich das Wasser unten befindet.

Hautzellen

Zu diesen beiden wichtigen Vertretern menschlicher Geruchsstoffe kommen nun noch die Hautzellen, also die Rafts hinzu, welche mit einer Unmenge an Mikroorganismen und anderen Stoffen in die Umwelt gelangen. Und diese Mikroorganismen sind, wie wir bereits wissen, andauernd an der Arbeit. Sie sind permanent damit beschäftigt, die Hautzellen und die darauf befindlichen Stoffe zu zersetzen und zu vertilgen. Ein Hund, der nun einer frischen menschlichen Spur folgt, die zum Beispiel 10 Minuten alt ist, findet auf dem Weg das gesamte Geruchsbild des Menschen, den er sucht, wieder. Lassen wir nun aber die Zeit vergehen. Dann wird sich dieses Geruchsbild zusehends verändern.

Ähnlich dem Gedankenexperiment mit den Cornflakes im vorigen Kapitel können wir uns nun vorstellen, dass jemand Teile eines Puzzles in der Gegend verstreut, und zwar verteilt nicht nur eine Person emsig Teilchen, sondern jede Person, die auf der Straße läuft. Uns Menschen wird 36 Stunden später ein Bild gezeigt, das dem zusammengesetzten Puzzle einer speziellen Person entspricht. Dann verlangt jemand von uns, unter all den tausenden Puzzleteilen, die ungeordnet herumliegen, genau jene herauszufinden, welche zu dem Bild gehören, das uns zuvor gezeigt wurde.

Werden wir uns der Schwierigkeit dieser Aufgabe bewusst, so verstehen wir auch, welche Konzentration und was für eine gigantische Leistung dem Hund abverlangt werden. Bedenken wir nun noch zusätzlich, dass die Puzzleteile draußen auf der Straße von der Sonne ausgebleicht und vom Regen verwaschen werden, sich also verändern. Irgendwann sind wir vielleicht so fit, dass es uns gelingt, sie nur mehr ihrer Form nach aufzufinden – die Farben sind durch die Umwelteinflüsse nämlich längst verschwunden. Und früher oder später werden die Puzzleteilchen zusätzlich durch mechanische Einwirkungen so weit verändert worden sein, dass auch die Suche nach bestimmten Formen keinen Sinn mehr macht. Sicher, sie lie-

Luzifer in voller Konzentration auf einer alten Spur.

gen immer noch dort draußen herum, aber es ist nicht mehr möglich, sie zuzuordnen, weil Form und Farbe inzwischen nichts mehr mit dem Original zu tun haben. Und damit sind dann auch die Grenzen des Machbaren für den Hund erreicht.

Das Training von alten Spuren

Einen Hund, der eben erst mit seiner Ausbildung begonnen hat, zu rasch auf eine alte Spur – sei diese nun 24 Stunden, 48 oder 72 Stunden alt – anzusetzen, wird in der Regel zu keinen befriedigenden Ergebnissen führen. Zum einen müssen auch die Hunde die mittlerweile bereits modifizierten Geruchsbilder erkennen lernen oder aber ihre Fähigkeit weiterentwickeln, sich ausschließlich an bestimmten Düften von Pheromonen oder Steroiden zu orientieren, wenn fallweise auf der Strecke keine Rafts mehr vorhanden sind. Hautzellen gehören nach spätestens 36 Stunden der Vergangenheit an, sind also nicht mehr existent. Andererseits fordert diese Arbeit den Hunden einiges an Konzentration ab, die im Training konditionell gefördert werden muss.

Um dem Hund den Umgang mit alten Trails beizubringen, muss das Alter der Spur also kontinuierlich angehoben werden. Damit sollte man aber erst beginnen, wenn die Basis der Ausbildung gelegt wurde und vom Hund sicher beherrscht wird. Solange das Team noch an Trails scheitert, die erst ein bis fünf Stunden alt sind, braucht sich niemand den Kopf über alte Trails zu zerbrechen, allein aus Gründen der Fairness dem Hund gegenüber. Hunde sind zu beachtli-

EXKURS: CARTRAILS

Um es vorweg zu nehmen, Cartrails zu laufen, also zu versuchen, mit dem Hund einer Spur zu folgen, bei der sich die betreffende Person in einem Auto befand, halten wir für nicht besonders seriös.

Sicherlich, wenn wir alte Trails vorbereiten, legen wir eine Person aus und holen sie danach mit dem Autor dort ab, um sie einige Tage später wieder an ihren Bestimmungsort zu bringen. Dabei achten wir penibel darauf, dass die Fenster geschlossen und die Lüftung aus- bzw. auf Umluft gestellt wird, zumindest wenn wir uns mit dem Auto dem Zielort annähern. In erster Linie wollen wir damit einfach sicherstellen, dass niemand behaupten kann, das Auto hätte eine „falsche" Spur erzeugt, und dass die wenigen Hautzellen, welche aus dem Fahrzeug entweichen können, den Hund an so wichtigen Punkten wie gerade dem Abgang keinesfalls irritieren können.

Was aber nun den Cartrail betrifft, so brauchen wir dazu nur eine einfache Rechnung anzustellen: Eine Person verliert im Schnitt 40.000 Hautzellen pro Minute, also etwa 666 pro Sekunde, und bewegt sich zu Fuß mit ungefähr 5 km/h vorwärts. Das bedeutet, sie legt pro Sekunde ungefähr 1,38 Meter zurück und verliert somit pro Meter im Durchschnitt 476 Zellen, die relativ nahe von ihr auf den Boden fallen. So weit, so gut.

Ein Fahrzeug stellt primär einen geschlossenen Raum dar, aus dem bei Weitem nicht so viel nach außen dringt, aber nehmen wir einmal an, es handle sich dabei um ein Motorrad oder ein offenes Cabrio.

Bei 50 km/h, also der zehnfachen Geschwindigkeit des Fußgängers, wären da nur mehr 47 Zellen pro Meter. Nehmen wir nun aber realistisch wiederum an, es handle sich um ein ganz gewöhnliches Automobil, bei welchem durch die Lüftung bestenfalls ein Zehntel der Zellen (wenn überhaupt) nach außen entweichen kann, bleiben nur mehr 4,7 Zellen pro Meter.

Stellen wir uns also vor, wir hätten fünf Konfettis in der Hand, fahren mit dem Auto mit einer Geschwindigkeit von 50 km/h und werfen die Schnipsel aus dem Fenster. Dann halten wir an und sehen nach, ob wir sie noch finden können. Wenn wir überhaupt noch da und dort eines der Konfettis entdecken, dann wahrscheinlich nicht dort, wo wir gefahren sind und sie aus dem Fenster geworfen haben, sondern irgendwo weitab am linken und rechten Straßenrand. Sind hinter uns noch weitere Fahrzeuge hergefahren, was wahrscheinlich ist, wird es immer schwieriger werden, sie ausfindig zu machen.

Fahren wir mit 100 km/h, bleiben noch etwa zwei Zellen pro Meter liegen, bewegen wir uns noch schnel-

ler fort, eben noch entsprechend weniger. So haben wir also durch den Fahrtwind und die Luftverwirbelungen um das Auto herum einen extrem breiten Korridor, in welchem sich die paar Zellen verteilen. Die Zeit tut dann ein Übriges.

Selbst wenn man nun einen Hund hat, der hier noch einer Spur folgen kann, wird dieser niemals geradlinig laufen, wie dies schon in diversen Fernsehsendungen gezeigt wurde, er müsste im Gegenteil extrem weit nach links und rechts pendeln, da ja alles an Scent auf einer Riesenfläche verteilt und nur in verschwindend geringer Konzentration vorhanden ist. Nachdem Autos selten durch den grünen Wald und über Wiesen fahren, sondern meistens in städtischen Gebieten oder auf Bundesstraßen oder Autobahnen, ist das nicht zu schaffen, ohne dass man uns die Straße zu diesem Zwecke sperrt. Und selbst wenn die besten Voraussetzungen für eine Suche gegeben sind, macht der Hund sehr viel früher schlapp als einer, der einer gemütlich gegangenen Spur folgt.

Robert Boulanger

chen Leistungen fähig, aber keine Zauberkünstler oder Genies, denen der Zeitsprung in die olfaktorische Vergangenheit von Haus aus in den Genen liegt. In der Natur ist eine alte Spur absolut uninteressant. Die dazugehörige Beute ist längst über alle Berge.

Beim Training von alten Spuren sollte man darauf achten, dass die verwendeten Geruchsträger etwa dasselbe Alter haben wie die Spur selbst. Gegebenenfalls können sie auch noch älter sein, sollten aber niemals frischer sein als die Spur selbst. Für die Praxis bzw. den Realeinsatz steht die Logik dahinter, dass der zur Verwendung kommende Geruchsträger einer vermissten Person nicht frischer sein kann als die Spur selbst. Die Person ist ja schließlich seit x Tagen abgängig, wie sollte man also an ein frischeres Geruchsbeispiel kommen.

Für das Training gilt wiederum der Grundsatz, den Hund in der Ausbildung nicht vor unnötige Rätsel zu stellen, indem man ihm einen frischen Geruchsträger vorlegt und er nun von selbst auf die Idee kommen soll, eine Spur zu verfolgen, die um ein Vielfaches älter ist, das heißt, deren Geruchsbild sich bereits verändert hat.

Auch dass Hunde Jahre alte Spuren verfolgen können, wie oft berichtet wird, wäre in den Bereich der Märchen einzuordnen. Wir wollen hier nicht werten, vielleicht sind solche unglaublichen Leistungen theoretisch sogar möglich. Aber wer trainiert schon seinen Hund regelmäßig auf uralte Spuren und kann hier noch nachvollziehbare Trainingsergebnisse vorweisen? Sollte es tatsächlich Hunde mit solchen unvorstellbaren Fähigkeiten geben, würde man diese wohl nicht auf das eine Promille Wahrscheinlichkeit des sinnvollen Einsatzes ihrer Supernasen hintrainieren, sondern ihr Können für Fälle einsetzen, die der Realität weit mehr entsprechen.

Differenzierung

Unter Differenzierung verstehen wir die Fähigkeit des Hundes, die konkret gesuchte Person aus einer Gruppe Anwesender herauszufinden und eindeutig zu identifizieren. Wie bereits bei den Alternativen von Anzeigeformen angesprochen, ist es von Vorteil, wenn der Hund gelernt hat, die Person, deren Spur er verfolgt hat, so eindeutig wie möglich anzuzeigen.

Leider wird das korrekte Ausführen der Übung so manchem Hund einfach selbst überlassen: Er findet am Zielort plötzlich mehrere Personen vor und der Handler erwartet, dass der Hund sich selbständig vor die richtige Person hinsetzt oder diese wie auch immer eindeutig identifiziert. Da wir davon ausgehen, dass auch Differenzierungen Schritt für Schritt aufgebaut werden müssen, schlagen wir mehrere Übungen vor, in denen der Hund nicht nur lernt, am Ziel eine korrekte Differenzierungsarbeit zu zeigen, sondern auch am Trail und sogar bereits am Start.

Training mit mehreren Versteckpersonen

Wir postieren unsere eigentliche Versteckperson zum Beispiel auf der linken Straßenseite und eine Verleitperson, welche nichts mit der ganzen Sache zu tun hat, etwa 20 Meter davor auf der rechten Straßenseite. Sollte der Hund nun auf die Verleitperson zugehen und diese geruchlich kontrollieren wollen, ist das ganz in Ordnung. Der Handler achtet jedoch darauf, dass der Hund keinen direkten Kontakt mit dieser Person hat. Es ist nicht notwendig, dass er seine feuchte Nase an die Kleidung dieser Person presst. Er kann den Geruch einer Person ebenso gut aus einer Entfernung von 50 bis 60 cm kontrollieren. Sollte der Hund nun der Meinung sein, er müsse diese Verleitperson anzeigen, ignoriert der Hundeführer die Anzeige und schickt ihn weiter auf die Suche. Wurde der bisherige Aufbau der Ausbildung durchgeführt wie beschrieben und nichts übereilt, können wir annehmen, dass der Hund weitergehen und schließlich die richtige Person anzeigen wird.

Diese Übung variiert man nun, indem man einmal die Verleitperson auf derselben Straßenseite postiert, mal hinter oder vor der gesuchten Person, und schrittweise mehr Verleitpersonen hinzunimmt, die vor oder um die Versteckperson herum platziert werden. Der Abstand der Verleitpersonen zur Versteckperson wird allmählich verringert.

Im nächsten Schritt schickt man mehrere Verleitpersonen zusammen mit der Versteckperson vom Start weg auf die Reise, das heißt, der Hund findet von Beginn an beide Geruchsspuren am Boden vor und muss am Schluss entscheiden, wer nun eigentlich diejenige Person ist, deren Geruchsprobe er am Anfang erhalten hat. Anfangs gehen diese Personen noch relativ kurze Trails zusammen, mit der Zeit werden diese immer länger und älter und natürlich wird es erst dann schwieriger, wenn die vorige, einfachere Aufgabenstellung problemlos gelöst wurde. Es müssen auch nicht sämtliche Personen am Ziel anwesend sein, die eine oder andere kann sich durchaus irgendwo am Trailverlauf aufhalten oder dort herumlaufen. Sollte der Hund sie anzeigen wollen, verfährt man wie oben beschrieben.

Auch ist darauf zu achten, dass die gesuchte Person am Ziel nicht immer die letztplatzierte ist. Hunde zählen eins und eins zusammen und könnten in dem Fall schnell falsch kombinieren, es sei immer die letzte Person in einer Gruppe diejenige, die es anzuzeigen gelte, und nicht etwa diejenige, um deren Geruch es am Trail gegangen sei, denn diese wäre zwar für die Suche gut, nicht aber für die Anzeige.

Übung mit gehenden Personen

Diese Personen sollen keineswegs immer nur stehen oder sitzen, sondern auch mal gehen, zunächst immer vom ankommenden Hund weg. Identifiziert er hier die korrekte Person zuverlässig, dann geht die Person auf den Hund zu, oder mehrere Personen bewegen sich durcheinander, wie dies zum Beispiel in einem Einkaufszentrum oder einer Fußgängerzone der Fall ist.

Wenn der Hund das erste Mal eine gehende Person in einer Gruppe identifizieren soll, muss sich der Handler mit Geduld wappnen; die meisten Hunde haben damit anfangs erhebliche Schwierigkeiten. Viele Hunde werden ausschließlich so aufgebaut, dass die Versteckpersonen immer sitzen. Da Hunde sehr schnell generalisieren, passen gehende Menschen einfach nicht in ihr Muster von einer gesuchten Person. Erkennt der Hund die Person nicht, so lässt man die Gruppe weitergehen, geht mit dem Hund einen großen Bogen um die Gruppe herum, taucht von hinten nochmals in die Gruppe ein und lässt ihn nochmals alle anwesenden Personen untersuchen. Klappt das wieder nicht, wiederholt man diesen Vorgang. Wenn der Hund bei der gesuchten Person nun ankommt, geht diese langsam in die Knie oder macht anderweitig auf sich aufmerksam.

Differenzierung am Start

Parallel dazu kann man nun beginnen, eine Differenzierung am Start durchzuführen. Hierzu benötigt man im Training eine größere Anzahl an Personen, etwa sieben bis zehn oder auch mehr, sollte der Hund schon fortgeschrittener sein und die Aufgabe mit weniger Personen bereits gut lösen können.

Alle Personen stellen sich in einem Kreis auf und halten so viel Abstand zueinander, dass sie sich bei ausgestreckten Armen gerade mit den Fingerspitzen berühren können. Nun laufen alle hintereinander einige Runden im Kreis. Danach

Kontrolle der Verleitperson und richtige Anzeige.

durchschreiten alle den Kreis diagonal zur gegenüberliegenden Seite, gehen wieder eine Vierteldrehung und wiederholen das noch einige Male. Was hierbei geschieht: Wir produzieren einen riesigen Pool an Geruch, in dem die Gerüche aller Anwesenden überreichlich vorhanden sind.

Eine der anwesenden Personen geht nun in die Mitte des Kreises, platziert dort am Boden einen Geruchsträger von sich selbst und verlässt den Kreis dann an irgendeiner Stelle zwischen zwei anderen Personen und entfernt sich etwa 50 bis 100 Meter außer Sichtweite. Die anderen Personen rücken wieder etwas näher zusammen, um die im Kreis entstandene Lücke zu schließen. Nun kommt der Handler mit seinem Hund dazu und setzt ihn in der Mitte des Kreises mithilfe des dort verbliebenen Geruchsträgers an.

In der Regel wird der Hund nun innen den Kreis ablaufen und jede Person beschnuppern. Nach zwei, drei Runden, die man dem Hund zu Beginn gönnen kann, wird er im Idealfall genau an der Stelle aus dem Kreis ausbrechen, an welcher die Person den Kreis verlassen hat. Wichtig bei dieser Übung ist, dass die anwesenden Personen, die den Kreis bilden, den Hund nicht direkt anschauen oder gar fixieren. Sie betrachten sich gegenseitig oder vertiefen sich in die Schönheit der Landschaft.

Findet der Hund den Ausgang aus dem Kreis nicht, gibt man ihm ruhig noch etwas Zeit, allerdings nicht so lange, bis er sich frustriert auf sein Hinterteil setzt und seinen Menschen fragend anblickt. Stattdessen führt der Handler den Hund an irgendeiner anderen Stelle aus dem Kreis heraus und lässt den Hund nun außen herumlaufen. Zwangsläufig wird er irgendwann auf die Spur treffen, welche die Person gelegt hat, als sie den Kreis verließ, und nun sollte er ihr folgen können.

Ist die Person gefunden, wird der Hund zurück ins Auto gebracht und der nächste ist an der Reihe, diesmal mit einer anderen Person, die sich aus dem Kreis davonmacht. Routinierte Hunde sind bei dieser Übung immer die letzten, da das Heraussuchen der fehlenden Person mit jedem Durchgang schwieriger wird.

Diese Übung sollte im Training immer wieder einmal eingebaut werden. Wird sie von den Hunden gut gelöst, können wir sicher sein, dass sie auch bei der Ankunft keine Probleme mit der Differenzierung haben werden.

Pausen – richtig rasten will gelernt sein

Wer kennt das nicht: Irgendwann verlassen einen die Kräfte, irgendwann lässt die Konzentration nach, irgendwann stimmt die Qualität der Arbeit nicht mehr. Beim Trailen ist das nicht anders. Auch wenn unser Hund kein Problem damit hat, 20 Kilometer neben uns her zu joggen, dürfen wir dies nicht mit der Anstrengung gleichsetzen, die ein Trail für ihn bedeutet.

Die Atmung beim Trailen ist um ein Vielfaches beschleunigt und intensiver. Der Hund ist darauf angewiesen, sich viel mehr Luft durch seine Riechorgane zuzuführen als bei sämtlichen anderen Tätigkeiten, die er verrichtet. Wenn wir einen sehr schwachen Geruch eines Objektes identifizieren möchten, so werden auch wir dieses Objekt sehr nahe an unsere Nase halten oder umgekehrt die Nase sehr nahe heranführen und dann zu schnuppern beginnen, das heißt, in kurzen Atemzügen stakkatoähnlich Luft durch die Nase einsaugen, gefolgt von einem tiefen Ausatmen, um die überschüssige Luft wieder aus unseren Lungen zu bringen. Wenn wir das im Sitzen versuchen, danach im Gehen und dann noch einmal, während wir laufen, Rad fahren oder eine ähnlich anstrengende Tätigkeit ausüben, bekommen wir eine ungefähre Vorstellung davon, was ein Hund leistet, und vor allem davon, wie schnell man dabei ermüdet, insbesondere dann, wenn man den Geruch, den man hier einatmet, auch noch von anderen unterscheiden soll.

Irgendwann kommt bei jeder längeren Suche der Punkt, an dem eine Pause angesagt ist. Manchmal früher, manchmal später; es kommt immer auf das Gelände, die Temperatur und die Schwierigkeit der Suche im Allgemeinen an. Beschließt man nun, eine Viertelstunde Pause einzulegen und hat

Zeitgleich laufen, riechen und konzentrieren.

Orientierungspause.

dies mit dem Hund niemals zuvor trainiert, kann es gut sein, dass das die letzte Pause auf dem Trail war. Der Hund wird uns nicht mehr starten. Daher empfiehlt es sich von Beginn an, den Hund immer wieder mal aus der Suche zu nehmen, zu Beginn einmal 10 Sekunden zu warten und dann wieder weiterzumachen. Diese Unterbrechung bauen wir in 10-Sekunden-Schritten langsam aus. Ist man bei mehr als einer halben Minute angelangt, kann man dem Hund in der Pause auch Wasser anbieten, telefonieren, etwas essen usw.

Nicht selten legen die Hunde selbstständig kurze Pausen ein. Diese sehen häufig so aus, dass sie irgendwo vom Trail abzweigen, stehen bleiben und mehrere Male kräftig ausatmen, was sich wie ein Niesen anhört. Dann kehren sie von selbst wieder auf die Spur zurück und arbeiten weiter.

Beobachtet man dieses Verhalten beim Hund, sollte man ihn hier keinesfalls maßregeln oder zur Weiterarbeit antreiben: Er putzt sich hier gewissermaßen die Nase. Oft zeigen Hunde dieses Verhalten, nachdem sie einen Geruchspool ausgearbeitet, also eine Stelle am Trail vorgefunden haben, an der es sehr intensiv nach der gesuchten Person riecht, weil diese vielleicht hier eine Stunde auf einer Parkbank verbracht hat oder aber auch, weil sie einen anderen, sehr intensiven Geruch in die Nase bekommen haben, den sie damit wieder loswerden wollen.

Die Dauer der Pausen kann auf bis zu 20 Minuten ausdehnt werden und der Hund wird danach wieder genau dort weiterarbeiten, wo er aufgehört hat. Er bleibt während der Pause im Suchgeschirr und wird auch nicht auf das Halsband umgehängt. Um die Frage gleich vorwegzunehmen: Der Hund braucht den Geruchsartikel nicht mehr aufs Neue präsentiert zu bekommen, weil er allein schon durch den langsamen und steten Aufbau des Trainings die Konzentration immer länger halten kann. Pausen ins Training einzubauen, ist nebenbei auch eine gute Übung für jede Situation am Trail, die Wartezeiten erfordert, wie zum Beispiel Ampelkreuzungen oder Aufzüge.

Häufige Probleme und deren Lösung

■ **Mein Hund geht nicht mehr los; er ist der Meinung, wir sind fertig.**
Das kann eigentlich nur dann passieren, wenn die Pause zu lang angesetzt wurde. Wie oben beschrieben, sollten die Pausen anfangs noch sehr kurz sein. Mit der Zeit werden sie kontinuierlich verlängert. Legt man bei einem Anfängerhund gleich mal eine 20-minütige Pause ein, braucht man sich nicht zu wundern, wenn er danach nicht mehr startet. Oder der Handler hat den Fehler gemacht, den Hund aus dem Geschirr zu nehmen. Sobald der Hund „ausgezogen" wird, bedeutet das für ihn Feierabend. Der Hund bleibt während der Pausen immer im Geschirr.

■ **Der Hund schläft zwischendurch**
Kein Problem. Im Gegensatz zum Menschen können Hunde kleinste Zeiteinheiten für den Schlaf nutzen und diese auf ihr tägliches Schlafkonto verbuchen. Wenn es weitergeht, wird der Hund wieder voll bei der Sache sein. Wichtig ist nur, dass er im Geschirr bleibt.

Die Kondition des Hundes

Ein weit verbreiteter Irrglaube besagt, dass Hunde von Natur aus über eine weitaus bessere Kondition verfügen als wir Menschen. Leider führt diese Ansicht aber immer wieder zu einer erheblichen Überbeanspruchung der Hunde und tut ihnen gar nicht gut. Das Leistungsvermögen setzt sich generell aus Kraft, Schnelligkeit, Ausdauer und Beweglichkeit zusammen. Betrachten wir die einzelnen Komponenten einmal getrennt voneinander im Vergleich zu Menschen

Kraft: Mit einem durchschnittlichem Menschen, der ein Körpergewicht zwischen 50 kg und 80 kg auf die Waage bringt und nicht sonderlich sportlich bzw. trainiert ist, können es eigentlich nur die größeren Hunderassen hinsichtlich Kraft aufnehmen. Die physische Kraft des Hundes ist für uns also nicht wirklich von Bedeutung.

Schnelligkeit: Hier sind wir den meisten Hunden im Durchschnitt hoffnungslos unterlegen, dies bedarf keiner weiteren Erläuterung. Selbst die kleinen Jack Russel Terrier können eine Geschwindigkeit an den Tag legen, von der ein Mensch nur träumen kann.

Beweglichkeit: Auch hier zieht der Mensch wieder den Kürzeren. Hunde sind ungleich beweglicher als wir Menschen, sehen wir einmal von den sogenannten „Schlangenmenschen" ab, jenen Artisten also, die in der Lage sind Verrenkungen durchzuführen, bei deren bloßem Anblick sich schon Kreuzschmerzen einstellen.

Ausdauer: Hier sind wir beim wesentlichen Punkt angelangt. Die Ausdauer der Hunde wird von den meisten Hundebesitzern gnadenlos überschätzt. Tierärzte empfehlen, die Trainingseinheiten des Hundes selbst bei relativ harmlosen Disziplinen wie etwa Joggen oder Radfahren nur sehr moderat zu steigern, das heißt beim Joggen mit einem großen Hund nicht mehr als 15 bis 20 Minuten täglich in langsamem Tempo, und die Dauer innerhalb der nächsten Wochen langsam zu erhöhen. Beim Radfahren dagegen startet man mit maximal 5 Minuten und steigert auch die Dauer über Wochen hinweg mit 5 Minuten zusätzlich pro Woche. Wer mit seinem Hund ins Wasser geht, muss sich bewusst sein, dass hier die Zeit im Vergleich zur Bewegung an Land halbiert werden muss. Somit kommen wir bei diesen relativ harmlosen Disziplinen zu folgenden Durchschnittswerten: Schwimmen maximal 15 Minuten, Radfahren maximal 30 Minuten, Joggen maximal 60 Minuten, normale Gangart etwa 2 Stunden.

Konzentrationsfähigkeit: Hier ist der Hund dem Menschen weit unterlegen. Denken wir an die zweibeinigen Zeitgenossen, die mit stolz geschwellter Brust über die „Intelligenz" ihrer Hunde berichten, nur weil diese in der Lage sind, eine Tür zu öffnen, die Pantoffeln zu bringen oder 80 Wörter zu verstehen, was schon die Ausnahme darstellen dürfte. Verglichen selbst mit einem vierjährigen Menschenkind ist das gar nichts. Beschäftigen wir einen Hund mit Intelligenz- und Denkspielen, ist meist nach bereits 10 Minuten die Luft komplett raus, während der Mensch ohne Weiteres in der Lage ist, allein schon in den meisten Berufen acht Stunden und noch mehr geistige Arbeit zu vollbringen, um danach den Feierabend mit Tennis, Squash, Lesen oder anderen Beschäftigungen ausklingen zu lassen. Für den Hund jedoch stellen 10 bis 15 Minuten Kopfarbeit eine Anstrengung dar, die etwa einem zweistündigen Spaziergang entspricht.

Vom trailenden Hund wird neben der reinen Laufleistung noch eine gehörige Portion Kopfarbeit erwartet. Den Geruch, den er verfolgen soll, muss er aus Hunderten, wenn nicht Tausenden anderen Gerüchen herausfiltern. Damit der Hund diese Aufgabe bewältigen kann, muss er in einer Tour hyperventilieren, um möglichst viel Luft und damit die darin enthaltenen Geruchsstoffe durch seine Schleimhäute zu befördern. Diese Art der Atmung ist auch für Hunde auf Dauer äußerst anstrengend und belastend. Die Herzfrequenz und die Körpertemperatur

Trailen ist körperliche und geistige Schwerstarbeit für den Hund.

steigen, der Puls ist beschleunigt, die Belastung für den Kreislauf entspricht einer ausgeprägt schweren körperlichen Tätigkeit.

Stressbelastung

Wenn die Leistung nun auch noch unter Stress erbracht werden muss, so belastet das den Hund umso mehr. Was für einen Hund Stress bedeutet, ist individuell verschieden, man kann jedoch davon ausgehen, dass die meisten Hunde auf einem Trail stärker gestresst sind als beim alltäglichen Herumtoben mit den Kindern oder ihren im Haushalt lebenden Artgenossen. Ebenso versetzt die Teilnahme an Seminaren und Kursen die Hunde gehörig in Stress, werden sie doch meist mit einer neuen Umgebung, fremden Menschen und Artgenossen konfrontiert.

Kurzzeitige Stressbelastungen führen über eine Ausschüttung von Botenstoffen wie Adrenalin zu einer Mobilisierung von Energiereserven aus dem Fettgewebe, damit mehr Brennstoff für die Muskulatur zur Verfügung gestellt werden kann. Gleichzeitig schnellen Herzfrequenz und Blutdruck in die Höhe, während die Durchblutung des Magen-Darm-Traktes verringert wird, was zu stressbedingtem Durchfall führen kann. Bei andauernder Stressbelastung hingegen wird körpereigenes Cortison ausgeschüttet, welches die Immunabwehr drosselt und weitere Langzeitfolgen nach sich ziehen kann.

EXKURS: SHUTDOWN – DER HUND IST PLATT

Während sich die Symptome für körperliche Überanstrengung bei allen Caniden ähnlich äußern, sind die Anzeichen für psychische Erschöpfung von Hund zu Hund verschieden. Als Shutdown wird gemeinhin das Eintreten eines Zustandes bezeichnet, in dem der Hund ans Ende seiner Kräfte gelangt und einfach nicht mehr kann. Sein Arbeitstempo verringert sich, seine Konzentration lässt merklich nach, er wird zunehmend anfälliger für Ablenkungen, ohne diesen jedoch zielgerichtet nachzugehen. Er hechelt immer stärker und auch die Zufuhr von Flüssigkeit schafft keine Abhilfe. Der Puls ist extrem hoch und auch nach einer Pause fällt es ihm schwer, wieder aufzustehen und weiterzuarbeiten.

Zeigt der Hund einige oder alle diese Symptome, vielleicht an einem besonders heißen Tag, an dem die bislang zurückgelegte Trailstrecke noch dazu an die Distanz herankommt, auf die bislang trainiert wurde, dann gibt es nur mehr eines: sofortigen Abbruch! Der Hund wird trotzdem belohnt. Schließlich hat er bis zu diesem Zeitpunkt mit vollem Einsatz gearbeitet und die Spur verfolgt. Wir trainieren ja keineswegs ausschließlich Trails, bei denen am Ende eine Person gefunden werden muss. Entscheidend ist für uns das Verfolgen der Spur und nicht die Person, welche diese gelegt hat.

Auch bei Seminaren, welche sich über mehrere Tage hinziehen, kommt es schon mal vor, dass ein Hund nach dem dritten oder vierten anstrengenden Tag in Folge bereits am Morgen lustlos wirkt und keine besondere Freude an seiner Arbeit zeigt. Das kann ein Alarmzeichen dafür sein, dass er sich über Nacht nicht ausreichend regenerieren konnte. Wir raten den Seminarteilnehmern ausdrücklich dazu, in solchen Fällen lieber einen Seminartag auszusetzen und den Hund in Ruhe zu lassen, damit er schlafen und sich erholen kann. Die Zeit kann man prima dafür nutzen, den anderen Teilnehmern bei ihrer Arbeit zuzusehen, denn dabei lernt man oftmals mehr als bei der Arbeit mit dem eigenen Hund.

Rober Boulanger

Erholung muss sein

Baut man seinen Hund nun kontinuierlich auf – er muss ja während seiner Ausbildung zum Trailer allerhand Neues erlernen –, so sollte man sich auch bewusst sein, dass Hunde wesentlich mehr Ruhe benötigen als der Mensch. Nachdem ein Hund etwas Neues gelernt hat, braucht er diese Schlafphasen dringend, um das Erlernte zu verarbeiten.

Das Training sollte wie bei einem Spitzensportler langsam gesteigert werden. Für die meisten Hobbytrailer sind ein bis zwei Trainingstage pro Woche ausreichend, professionelle Trailer der Polizei und ähnlicher Institutionen werden ihr Trainingspensum täglich absolvieren, um die Kondition des Hundes möglichst hoch zu halten. Doch auch hier gilt, dass zwei Trainingseinheiten, also zum Beispiel zwei Trails oder zwei Übungen oder eine Übung und ein Trail pro Tag für den Hund genug sind. Dazwischen sollte der Hund einige Stunden Ruhepause haben, um sich ausreichend regenerieren zu können.

Hunde brauchen zwischendurch Erholung.

So mancher Trailer misst die Ausdauer des Hundes am eigenen Erschöpfungsgrad. Manche unserer Seminarteilnehmer scheinen, wenn sie selbst am Abend nicht zum Umfallen müde sind, zu denken, dass der Seminartag für den Hund (noch) nicht ausreichend gewesen wäre, so viel Bewegung hätte er ja doch nicht gehabt und man könnte doch noch eine Übung machen und noch eine und noch eine.

Klar, bucht man nun ein Seminar, so ist die Zeit dafür begrenzt, man hat nur zwei, drei, vielleicht auch fünf Tage Zeit, man investiert Seminarkosten, Reisekosten, Hotelkosten usw. Und das Ganze soll natürlich möglichst effizient sein. Effizient für den Menschen.

Dem Hund ist es herzlich egal, ob seinem Menschen nun Kosten entstehen oder nicht. Der Hund ist und bleibt ein Hund und wird, nur weil man mit ihm nun ein Seminar besucht, nicht automatisch zur Maschine, die man rund um die Uhr bedienen kann. In Anbetracht der oben genannten Fakten sollte jedem angehenden Trailer bewusst sein, dass er das Wohl seines Hunde im Training über den eigenen Ehrgeiz stellen und einfach akzeptieren muss, dass weniger oft mehr ist.

Übungen für die Praxis der Vermisstensuche

Der Hund hat nun einen bestimmten Ausbildungsstand erreicht. In diesem Kapitel werden nun weiterführende Übungen und Herausforderungen vorgestellt, die das Team einen weiteren Schritt in Richtung Einsatzfähigkeit bringen.

Es entspricht leider nicht der Realität, dass vermisste Personen immer so geradlinig laufen, wie wir es bislang trainiert haben. In der Regel laufen Menschen nicht einfach nur von A nach B, nein, sie bleiben des Öfteren mal stehen, setzen sich auf eine Parkbank, betrachten eine Weile ein Schaufenster, gehen in eine Gasse oder Straße hinein, um kurz darauf auf demselben Weg wieder herauszukommen, oder sie überkreuzen ihre eigenen Spuren mehrmals innerhalb kürzester Zeit.

Was häufig als die großen Handicaps am Trail dargestellt wird, nämlich Pools und Backtrails, ist bei Weitem nicht so dramatisch, wie häufig beschrieben wird – sofern das Team diese Situationen beherrscht, was vor allem bedeutet, dass der Handler sie als solche erkennt. Ebenso zählt die Arbeit mit kontaminierten Geruchsträgern zur alltäglichen Praxis sowie das Arbeiten an frischen und alten Spuren derselben Person.

Pools

Ein Pool ist eine Anhäufung menschlichen Individualgeruchs an einer bestimmten Stelle, zum Beispiel rund um eine Parkbank, auf welcher die vermisste Person eine Zeitlang gesessen hat, oder vor einem Zeitungskiosk, an dem sich die Person aufgehalten hat, um eine Zeitung auszusuchen und zu kaufen. Auch die Wohnung oder das Büro als Arbeitsplatz einer Person stellen gewissermaßen einen Riesenpool dar.

Für den Hund ist in einem Geruchspool nicht mehr nachvollziehbar, wie die gesuchte Person sich innerhalb dieser Kulmination von Individualgeruch bewegt hat. Entscheidend ist nur, dass man aus so einem Pool, ist man erst einmal drinnen, auch wieder herausfindet. Aus einem Pool wieder herausgelangen kann das Team allerdings nur dann, wenn der Handler realisiert, dass der Hund und er sich in einem solchen befinden.

Stellen wir uns vor, unsere gesuchte Person ist wieder mit diesem löchrigen Sack Cornflakes unterwegs. Wo sie geht und steht, rieseln unentwegt Cornflakes aus dem unerschöpflichen Sack. Setzt sich die Person zum Beispiel auf eine Parkbank, um ein wenig zu rasten, häuft sich unter der und rund um die Bank ein beträchtlicher Haufen an Cornflakes an. Unsere Person geht weiter, um am

Geruchspool rund um den Briefkasten.

obigen Zeitungskiosk eine Zeitschrift durchzublättern und zu kaufen. Der ganze Platz vor dem Kiosk ist mit Cornflakes bedeckt. Die Person geht weiter und kommt zu einem Flohmarkt. Dort schlendert sie von Stand zu Stand, hin und her, vor und zurück, bleibt da und dort vor einem der Tische stehen, um sich Objekte näher anzusehen oder um den Preis zu feilschen. Schließlich geht sie wieder zurück zu jener Stelle, an welcher sie den Flohmarkt betreten hat, da ihr einfällt, dort einen Würstelstand gesehen zu haben, kauft sich eine Currywurst, die sie vor Ort verzehrt, um dann wieder weiterzuziehen, entweder nochmals durch den gesamten Flohmarkt hindurch oder woanders hin.

Kommt nun der Handler mit seinem Hund des Weges, so verfolgt der Hund die relativ eindeutige Cornflakesspur, welche die Person auf ihrem Weg hinterlassen hat. An der ersten Parkbank liegt plötzlich ein Riesenhaufen Frühstücksflocken. Der Hund findet eine gewaltige Geruchskonzentration vor, es riecht hier extrem stark nach der gesuchten Person, er kann sie aber nicht sehen. Der Hund wird hektischer, die Atmung oft deutlich hörbar, er umkreist die Bank, kriecht darunter und benimmt sich fast schon so, wie man es von ihm kennt, wenn er kurz vor dem Ziel, also in unmittelbarer Nähe der Versteckperson ist.

Das Benehmen des Hundes unterscheidet sich in der Regel deutlich von dem charakteristischen Verhalten, das er zeigt, wenn er nur etwas anderes Interessantes, also eine Ablenkung entdeckt hat. Der Handler lässt aber den Hund nun nicht unendlich lange im Pool verweilen und sich dort halb zu Tode schnüffeln.

Er bringt den Hund ruhig aus dem Bereich heraus und fordert ihn auf, weiterzusuchen. Derselben Situation werden wir am Kiosk begegnen. Natürlich vergisst der Handler bei dieser Gelegenheit nicht, den Kioskbesitzer nach der vermissten Person zu fragen und ihm gegebenenfalls ein Foto derselben zu zeigen.

Beim Flohmarkt wird es nun ganz spannend. Der Hund wird eingangs an der Würstelbude verrücktspielen, spätestens hier ist die ganze Aufmerksamkeit des Handlers gefragt. Hat er den Würstelduft in der Nase und ist dadurch abgelenkt oder rotiert er, weil er in einem Pool steckt und den Geruch der gesuchten Person wieder äußerst intensiv in der Nase hat? Er bringt den Hund etwas tiefer in den Flohmarkt hinein und wird feststellen, dass sich das Suchverhalten des Hundes nicht großartig ändert. Also kann der Handler mit Sicherheit annehmen, dass die Person hier durch den Markt geschlendert ist.

Unsere Person hat, wie wir wissen, vor so einigen Marktständen Halt gemacht und damit immer wieder Pools erzeugt. Nun heißt es kühlen Kopf bewahren. Das bedeutet, der Handler wird den Hund keinesfalls mit der Suchleine durch die Menschenmenge steuern und bis zur Erschöpfung von einem Pool zum anderen suchen lassen, vielmehr wird er die Leine am Halsband befestigen und in aller Ruhe mit ihm den Flohmarkt durchqueren, um selbst nach der Person Ausschau zu halten. Am Ende des Flohmarktes angekommen, wird er den Hund kontrollieren lassen, ob die Person den Markt etwa an dieser Seite verlassen hat. Und ebenso wird er an jedem anderen möglichen Ausgang verfahren – im Prinzip nicht anders, als er es auch schon bei der Abgangssuche praktiziert hat.

Ist die Person nicht mehr am Flohmarkt anzutreffen, muss sie ihn ja auf irgendeinem Weg verlassen haben, ebenso wie den Parkplatz des Supermarktes einige Kapitel vorher. Wenn wir uns die überall verstreuten Cornflakes vor Augen halten, sehen wir schnell ein, dass es keinen Sinn macht, mit dem Hund durch den Flohmarkt zu trailen und hier seine Energie zu verschwenden, die unter solchen Umständen sehr schnell zur Neige gehen wird.

Trainieren eines Pools

Wir trainieren Pools zu Beginn so, dass wir die Versteckperson anweisen, sich an einer vorher definierten Stelle eine Zeit lang aufzuhalten. Zusätzlich kann man an anderer Stelle eine Ablenkung einbauen, indem dort eine andere Person ein Stückchen rohes Fleisch oder Hundefutter an den Wegrand legt, dieses aber wieder mitnimmt. An dieser Stelle angekommen, wird der Hund durch den kulinarisch ansprechenden Geruch abgelenkt, und an der Stelle, an welcher die Person gesessen hat, gegebenenfalls durch den Pool aus dem Häuschen geraten.

Nun sind das Fingerspitzengefühl und vor allem die Beobachtungsgabe des Handlers gefragt. An der nach Futter duftenden Stelle wird der Hund genauestens beobachtet und nach einigen Sekunden mit einem bestimmten „Weiter" an seine Arbeit erinnert. An der Poolstelle lassen wir ihm etwas mehr Zeit und nutzen diese, um sein dortiges Verhalten mit dem vorher gezeigten zu vergleichen. Auch hier bringen wir ihn, sollte er sich im Pool verfangen, aus der Situation heraus, allerdings in freundlichem Tonfall.

Die im Kapitel „Differenzierung" beschriebene Übung zur Abgangsdifferenzierung, bei welcher mehrere Personen im Kreis stehen, eine diesen verlässt und der Hund aus dem Kreis herausfinden muss, ist eine ideale Vorübung für die Poolarbeit.

Backtrails

Wer hat es als Kind nicht auch versucht: im frisch gefallenen Schnee einige Meter laufen und dann exakt in den Fußtapfen zurückgehen, die den Weg bis zum momentanen Aufenthaltsort markieren. Was für ein Spaß, andere Leute damit zu verwirren! Nichts anderes ist ein Backtrail oder auch „Backtrack", wie er vor allem in der englischsprachigen Literatur bezeichnet wird: Eine Person geht in eine bestimmte Richtung, dreht um und kommt denselben Weg wieder zurück. Kevin Kocher beschreibt den Backtrack zu Recht als eine Sache, die dem Hund weniger Probleme bereitet als dem Handler; die meisten aufgrund eines Backtracks gescheiterten Trails seien der Planlosigkeit des Handlers zuzuschreiben (Kocher, 2010).

Wenn wir uns für den Backtrail wieder unsere Cornflakes vor Augen führen, dann haben wir eigentlich nur eine Wegstrecke vor uns, auf der sich die doppelte Anzahl von Cornflakes findet. Die Person lief ja hin und zurück und somit ist das Ausarbeiten eines Backtrails weder aufregend neu noch besonders schwierig. In Wirklichkeit ist ein Backtrail nichts anderes als ein lang gestreckter Pool oder, wenn man es genau nimmt, um nichts komplizierter zu handhaben als eine Kreuzung. Denkt der Hundeführer allerdings nicht mit und überlässt die ganze Arbeit seinem Hund, ist das Chaos vorprogrammiert. Aber dieses Stadium sollten wir inzwischen hinter uns gelassen haben.

Wir können unsere Versteckpersonen ruhig anweisen, beim Legen der Trails öfter mal in eine Sackgasse abzuzweigen, die der Hund bei der Suche auch ausarbeiten wird, aus der er aber mit Sicherheit völlig problemlos wieder herausfindet. Backtrails sind keine Hexerei. Wurde der bisherige Aufbau korrekt durchgeführt, haben weder Handler noch Hund damit Schwierigkeiten, vorausgesetzt, man kann Negative, Ablenkungen und Pools an der Körpersprache seines Hundes erkennen, wovon wir jedoch ausgehen wollen.

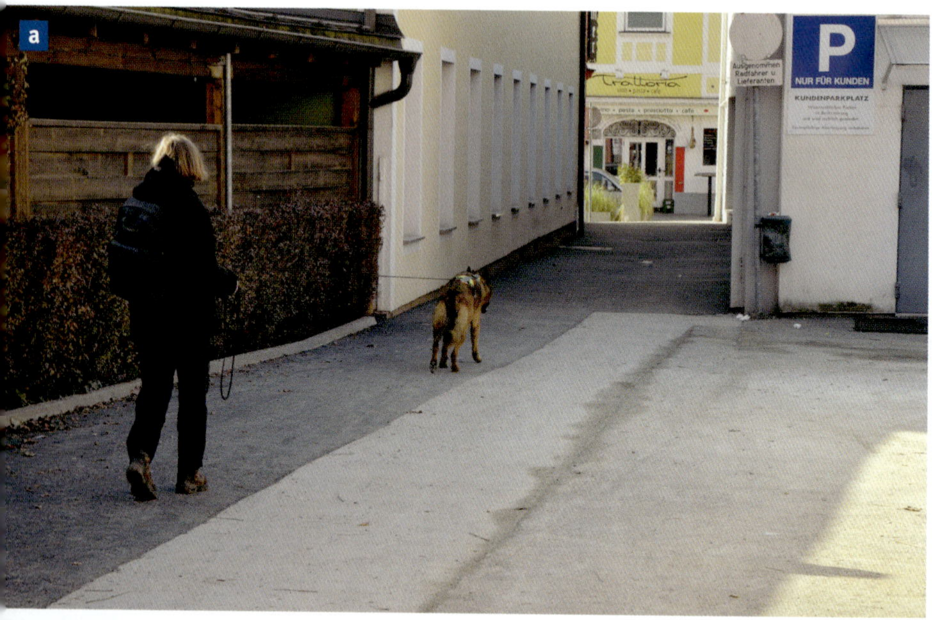
a
Trattoria
vino • pasta • cafe
Ausgenommen
Radfahrer u.
Lieferanten
P
NUR FÜR KUNDEN
KUNDENPARKPLATZ

b
Trattoria
vino • pasta • cafe
vino • pasta • prosciutto • cafe
Ausgenommen
Radfahrer u.
Lieferanten
P
NUR FÜR KUNDEN
KUNDENPARKPLATZ

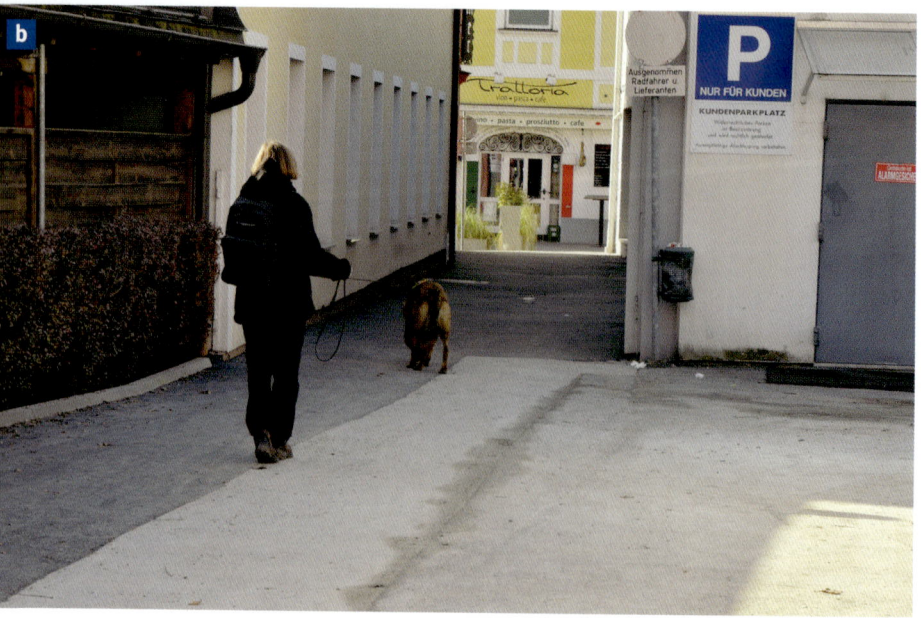

Situationsbedingt suchen Hunde Backtrails nicht komplett aus.

Kontaminierte Geruchsträger

Bislang haben wir lediglich sterile Gazepads als Geruchsträger verwendet, um es dem Hund so einfach wie möglich zu machen, wenn wir ihm etwas Neues beibringen wollten. Doch wir haben bereits darauf hingewiesen, dass wir in der Praxis von solchen Geruchsträgern nur träumen können und im Realfall in der Regel damit zu rechnen haben, kontaminierte Geruchsträger zur Verfügung gestellt zu bekommen.

Auch in der Praxis wird man sich bemühen, an einen Geruchsträger zu kommen, der allein bzw. hauptsächlich von der vermissten Person stammt. Allerdings kann man nie ausschließen, dass auch andere Personen im Umfeld des Gesuchten diesen Gegenstand berührt und somit kontaminiert haben. Solange diese Personen nie dort waren, wo wir mit der Suche beginnen, sollte das noch ein kleineres Problem sein. Waren diese Personen aber ebenfalls an dieser Stelle, wird man beim Start darauf achten müssen, dass diese Fremdpersonen zu Beginn der Suche ebenfalls dort anwesend sind. Nun sind manche Trailer und auch Ausbilder der Ansicht, es würde schon genügen, wenn alle Personen, die diesen Geruchsträger außer der vermissten Person berührt haben könnten, beim Ansatz anwesend wären, da der Hund das im Ausschlussverfahren schon checken würde.

Persönliche Gegenstände von Personen aus der Hand als Geruchsträger zu präsentieren, ist keine gute Idee, da sie immer mit anderen Gerüchen behaftet sind.

Dass dem nicht so ist, beweist nachfolgende Übung schon beim ersten Mal, wenn man sie mit dem Hund ausführt. Wir erinnern uns an den Übungsaufbau im Kapitel „Differenzierung" – eine Gruppe von Leuten bildet einen Kreis, einer von ihnen legt einen Geruchsträger mit seinem Individualgeruch in die Mitte und verschwindet aus dem Kreis.

Die Übung zur Arbeit mit kontaminierten Geruchsträgern hat einen ähnlichen Aufbau und Ablauf, sieht aber dennoch etwas anders aus. Die Personen können in einem weiten Kreis aufgestellt werden oder auch sitzen. Eine unter ihnen, die Versteckperson, trägt die Gazepads schon eine ganze Weile auf der Haut. Zum Übungsbeginn nimmt sie die Pads heraus und reicht sie von Person zu Person weiter. Jeder der Anwesenden nimmt die Pads entweder in die Hand oder spuckt darauf. Anschließend wird die Gaze wie üblich eingetütet und die Versteckperson verschwindet etwa 100 Meter weit entfernt komplett aus dem Blickfeld.

Der Hund wird in die Mitte der Personen geführt und bekommt den Geruchsträger präsentiert. Nun kann es sein, dass er den ersten besten der Anwesenden anzeigt. Der Handler weist ihn in diesem Falle einfach an weiterzumachen und bestätigt die falsche Anzeige nicht. Ziel ist es, dass der Hund eine Person nach der anderen kontrolliert und mit dem präsentierten Geruchsartikel vergleicht. Mit etwas Glück wird er nach ein paar Runden innerhalb des Kreises intensiver zu suchen beginnen. Er hat verstanden, dass eine bestimmte Person fehlt, nämlich jene, deren Geruch am intensivsten auf der Gaze vorhanden ist. Der weitere Ablauf gleicht der Übung zu den Differenzierungen: Der Hund findet den Weg aus dem Kreis heraus und trailt zur eigentlichen Versteckperson.

Kommt er innerhalb des Kreises nicht auf die Lösung des Rätsels, führt man ihn aus dem Kreis und läuft die Runde mit ihm außen an den anwesenden Personen vorbei. Er sollte nun den Weg der fehlenden Person leichter finden und ebenfalls ihrer Spur folgen können.

Klappt beides nicht, so war die Anzahl der Personen im Kreis zu hoch angesetzt. Wir beginnen diese Übung mit drei bis vier anwesenden Personen und erhöhen die Personenzahl langsam. Gute Hunde haben kein Problem mit einem Geruchsträger, der von über 20 Personen kontaminiert wurde. Aber auch hier gilt: die Anzahl der Personen langsam steigern und die Zeitspanne, in der die eigentliche Versteckperson den Geruchsträger am Körper trug, langsam verringern.

Wenn der Hund die Übung beherrscht, kann jede der anwesenden Personen die Gaze nur kurz in die Hand nehmen bzw. sich die Hände damit abwischen, und eine Person verschwindet. Löst der Hund auch diese Aufgabe zuverlässig, sollte er auch im Realeinsatz keinerlei Probleme mit kontaminierten Geruchsträgern haben.

Frische Spur und alte Spur derselben Person

Es gibt so einige Ausbilder im Mantrailing-Bereich, die unbeirrbar an der Mär festhalten, dass ein Hund immer der frischesten Spur folgen würde, weil ihm Mutter Natur das so mitgegeben hätte.

Richtig, das Verfolgen von Spuren wurde dem Wolf tatsächlich bereits vor vielen zigtausend Jahren in die Wiege gelegt. Nur waren Städte damals noch Mangelware, bedingt vor allem durch das Fehlen von Menschen, die diese hätten errichten können. Doch genau mit dieser Masse an frischem und altem menschlichen Geruch in der urbanen Umgebung, die Urvater Wolf noch ferne lag, ist der Hund heute konfrontiert.

Ein Hund, der in freier Natur eine Wildspur verfolgt, wird meist die frischere Fährte aufnehmen. Hier orientiert er sich aber vor allem an Bodenverletzungen, nicht jedoch am Individualgeruch eines Menschen auf Asphalt oder Beton oder sonstigen harten Untergründen.

Wir haben schon Hunde erlebt, die ganz von selbst in den meisten Fällen der frischesten Spur folgten, und ebenso solche, die mit extremer Beharrlichkeit exakt jenem Weg nachgingen, den die Person, die den Trail legte, zurückgelegt hatte, unabhängig davon, wie oft und mit welchem zeitlichen Unterschied sich diese Spur überschnitt. Aber die Mehrheit der Hunde folgt mal der frischen, mal der alten Spur. Was nun diejenigen Hunde, die vorwiegend der frischesten Spur folgen, im Gegensatz zu anderen dazu bewegen mag und dazu befähigt, können wir nicht erklären. Trotzdem ist gewisse Skepsis angebracht: Wenn der Hund, aus welchem Grund auch immer, selbst entscheidet, welcher Spur er folgt, fehlt ihm eine wesentliche Information: nämlich unser expliziter Wunsch, dass er entweder immer der frischeren oder – im Falle einer kriminalistischen Tatrekonstruktion – immer der tatsächlich gelaufenen Spur folgen soll.

Keinesfalls kann man aber von einem Hund erwarten, beides zu können. Entweder man trainiert auf Frischspur oder auf Altspur. Wir erläutern hier das Training auf Frischspur, da diese Variante in 99,9 Prozent der Fälle im Realeinsatz die gefragte sein wird, um eine vermisste Person möglichst schnell zu finden.

Problematik bei überkreuzenden Alt- und Frischspuren

Beginnen wir mit der Definition, was es mit Alt- und Frischspuren eigentlich auf sich hat und wo die Schwierigkeiten liegen. Nehmen wir zum Beispiel an, ein Tourist wird vermisst gemeldet. Was wir wissen: Er stieg am Morgen aus dem Bus, lief kreuz und quer durch die Stadt, wobei sich seine eigenen Wege etliche Male kreuzten. So bummelte er am kühleren Morgen durch die Altstadt und flanierte in Cafés herum, zur heißen Mittagszeit besuchte er ein Museum, am Nachmittag durchquerte er erneut die Altstadt, um zurück zur Abfahrtsstelle sei-

EXKURS: TRAILEN BEI DER POLIZEI – EINE SPEZIALDISZIPLIN?

Im Prinzip nicht. Sind die Einsatzkräfte der Polizei damit beschäftigt, eine verschwundene Person aufzuspüren, dann unterscheidet sich die Arbeit der Trailer kaum von jener der Rettungskräfte und der Sporttrailer. Einzige Ausnahme mag hier der Umstand darstellen, dass bei der Suche nach einem verschwundenen Straftäter die aufzufindende Person im Gegensatz zu einem vermissten „Opfer" weniger glücklich reagieren wird, wenn das Team ankommt. Was in diesen Fällen gesondert zu beachten ist, gehört jedoch ausschließlich in den Ausbildungsbereich und die Arbeit der Polizei und dort soll es auch bleiben. Anders verhält es sich beim Einsatz im kriminalistischen Bereich, wenn es also darum geht, mit dem Hund bei der nachträglichen Rekonstruktion von Verbrechenshergängen unterstützend mitzuwirken. Gar nicht so selten fordert die Polizei externe Trailer an, um zum Beispiel Aussagen zur An- oder Abwesenheit bestimmter Personen an bestimmten Orten nachträglich zu überprüfen. Der Unterschied zum klassischen Trailen besteht hier im Wesentlichen darin, dass die ganze Sache längst vorbei ist. Mit anderen Worten, zum Zeitpunkt der Suche ist es völlig ausgeschlossen, dass das Team am Ort des Geschehens die zu suchende Person noch antreffen wird. Glücklich wird man hier auf Dauer nur werden,

wenn der Hund ohne Opferbindung aufgebaut wurde. Verfällt er hier in Frustration, weil es ihm niemals gelingen kann, die ihm so wichtige Versteckperson zu finden, wird er bald die Lust an der Arbeit verlieren. Für solche Art der Einsätze ist es unumgänglich, während der gesamten Ausbildungszeit und während des Trainings die Zuverlässigkeit des Teams immer wieder mit sogenannten Doubleblinds, also Trails, bei denen wirklich niemand der Anwesenden weiß, ob, wie und wo die zu suchende Person gelaufen ist, zu überprüfen. Auch empfiehlt es sich bei den Einsätzen vor Ort, weder den Hundeführer selbst noch die am Ort des Geschehens anwesenden Personen über irgendwelche Details der zu überprüfenden Aussagen zu informieren. Zu groß ist das Risiko, dass der Hund durch eventuelles Wunschdenken von Staatsanwaltschaft, Ermittlern oder sonstigen Personen unbewusst, durch körpersprachliche Signale, in eine bestimmte Richtung geschoben wird. Auch sollte dem Handler nicht nur ein einziger, tatsächlicher Geruchsträger zur Verfügung gestellt werden, sondern ihm neben dem „echten" Geruchsträger zu Kontrollzwecken auch eine „Niete" ausgehändigt werden.
Welches der echte Geruchsträger ist und welcher jener von einer Person, die mit Sicherheit nichts mit dem

Fall zu tun hat und die auch sicher niemals am fraglichen Ort war, weiß niemand der direkt an der Suche beteiligten Personen. Nach dem Einsatz kann attestiert werden, dass die Arbeit mit Geruchsträger B negativ war und die Arbeit mit Geruchsträger A positiv und damit ist sichergestellt, dass niemand den Hund durch sein Verhalten – bewusst oder unbewusst – beeinflusst hat. Insbesondere in Kombination mit anderen Suchhunden, wie zum Beispiel Leichenspürhunden oder sogenannten Blood Detection Dogs, können gut ausgebildete und verlässliche Hunde hier immens viel Zeit und Kosten sparen, da sie auch der Forensik und dem Erkennungsdienst effiziente Hinweise zum Auffinden von Spuren geben, welche später vor Gericht als Beweismittel vorgelegt werden können. Generell muss die Beweislast jedoch immer von den Ermittlern erbracht werden, sei es durch forensische Nachweise oder zweifelsfreie Zeugenaussagen. Die Hundeteams können hier bestenfalls als ein effizientes Werkzeug dienen, um auf eventuelle Spuren hinzuweisen oder Orte auszuschließen, an denen die Suche nach forensischen Spuren erfolglos bleiben wird und somit die Ermittlungen beschleunigen. Die Vorstellung, ein gerichtliches Urteil ausschließlich auf der „Aussage" eines Trailerteams zu begründen, bleibt fragwürdig. Was den Hund und sein „Wissen" über den Fall betrifft, sind die Interpretationsspielräume nun einmal groß, selbst wenn sich alle Seiten um Objektivität bemühen.
Robert Boulanger

nes Busses zu gelangen, wo er aber nie eintraf. Zuletzt wurde er am Nachmittag gesehen, als er sich ein Eis in der in der Altstadt befindlichen Eisdiele kaufte. Danach verliert sich jede Spur von ihm.

Wenn wir den Hund nun an der Eisdiele ansetzen, also an dem Ort, an dem unser Tourist zuletzt gesichtet wurde, und der Hund dort die Spur aufnimmt, wird er unweigerlich an eine jener Stellen kommen, die der Tourist bereits am Vormittag passierte. Er wird also auf eine Altspur treffen, die von der Frischspur gekreuzt wird. Biegt der Hund hier nun falsch ab, also auf die Altspur, wird er uns von Café zu Café und von Schaufenster zu Schaufenster führen, welche der Tourist am Vormittag alle besucht bzw. besichtigt hatte, um schließlich zum Museum zu gelangen. Wird die Suche weiter fortgesetzt, finden wir uns irgendwann an genau der Eisdiele wieder, an der wir die Suche begonnen haben. Nachdem ja keiner weiß, was der Tourist wirklich den ganzen Tag über getrieben hat, wird man nun aller Wahrscheinlichkeit nach den Hund verdächtigen, mit seinem Handler und dem gesamten Tross hinten dran einen netten Spaziergang unternommen zu haben.

Zu allem Überfluss kommen auch noch weitere Faktoren ins Spiel: Denken wir an die engen, hohen Gassen in der Altstadt, welche den ganzen Tag über im kühlen Schatten liegen, während auf den breiteren Straßen und Plätzen die Sonne an diesem heißen Sommertag den Boden extrem aufgeheizt und damit eine deutliche Reduktion der Aktivitäten der Mikroorganismen bewirkt hat.

Für den Hund gibt es also an diesen Stellen weit weniger Geruch zu erschnuppern, als dies in den schattigen, kühleren Gassen der Fall ist. Hier sind

In der schattigen Altstadtgasse hat der Hund im Sommer vermutlich mehr zu erschnuppern als an sonnigen Stellen.

die Mikroorganismen voll aktiv und daher wird auch um einiges mehr und intensiverer Geruch vorzufinden sein. Der Hund wird eventuell dazu tendieren, der Spur im Schatten zu folgen, auch wenn sie bedeutend älter ist.

Nur wenn die Mikroorganismen sich an diesen Stellen dementsprechend vermehren, wird der Zerfall der Rafts und der sich darauf befindlichen Körpersekrete wesentlich schneller vorangehen als bei jenen Zellen, die sich in unwirtlicheren Gegenden befinden. Das Geruchsbild in diesen Regionen ist nicht mehr komplett bzw. weicht schon deutlicher vom Original ab als zum Beispiel das Geruchsbild jener Zellen, die in der prallen Sonne liegen und aufgrund der großen Hitze nicht derartig rapide von den Mikroorganismen zersetzt werden.

Umgekehrt ist es natürlich ebenso möglich, dass die frischere Spur durch ein Gebiet verläuft, das ein optimales Umfeld für die Zersetzung der Hautzellen und der darauf befindlichen Sekrete darstellt, der Zersetzungsprozess also schneller vonstatten geht als in unwirtlicheren Regionen und damit das Geruchsbild der frischeren Spur weit mehr vom Original abweicht als jenes der älteren Spur.

Da der Hund also unter bestimmten Umständen auch von der Natur in die Irre geführt wird, kann keine Rede davon sein, dass er automatisch immer und überall der frischesten Spur folgt. Davor ist der Handler auch im Realeinsatz nicht gefeit. Dass es trotzdem möglich ist zu finden, liegt dann an der Erfahrung des Handlers, der zum einen diese Faktoren mitbedenkt und zum anderen in der Lage ist, kleinste Unterschiede im Suchverhalten seines Hundes zu erkennen und zu hinterfragen.

Einen Vorteil spielt uns höchstens die Tatsache zu, dass auf Kohlenwasserstoffmolekülen basierende Stoffe, die der Mensch absondert, einem wesentlich langsameren Zerfallsprozess unterliegen als die Hautzellen und zum Beispiel ekkriner Schweiß. Natürlich stellen diese Teile nur einzelne Puzzlestückchen des gesamten Geruchsbildes dar, aber der geübte Hund lernt diese im Laufe der Zeit korrekt zuzuordnen. Der langsamere Zersetzungsprozess gestaltet zwar die zeitliche Differenzierung schwieriger, doch ist der geübte und trainierte Hund auch dazu durchaus in der Lage – sofern er zu diesem Zeitpunkt exakt weiß, was von ihm konkret verlangt wird.

Optimale Bedingungen für das Training

Am besten eignet sich für den Beginn dieses Ausbildungsschrittes gleichbleibend bewölktes Wetter, um die oben genannten Effekte anfangs so gut wie ausschließen zu können. Diese ideale Ausgangssituation ermöglicht einen gleichmäßigen Verfall der Rafts und damit ein gleichmäßiges „Verblassen" des Geruchsbildes.

Wir beginnen die Übung mit einem Trail, der am Vortag gelegt wurde, und zwar in einer Gegend, welche die Versteckperson schon seit Längerem nicht mehr betreten hat. Am sichersten ist man hierbei unterwegs, wenn man die Versteckperson im geschlossenen Fahrzeug zum Startpunkt bringt und sie am Endpunkt wieder abholt. Am nächsten Tag bringt man die Versteckperson wieder an dieselbe Startstelle, lässt sie den Beginn der Strecke genauso laufen wie am Tag zuvor, nun jedoch biegt sie nach einigen hundert Metern ab und nimmt einen anderen Weg. Das Team läuft diesen Trail wie gewohnt.

Der Handler hat exakte Kenntnis davon, wo die Person vom gemeinsamen Alt-/Frischtrail „abgebogen" ist. Will der Hund an dieser Stelle der alten Spur weiter folgen, geht der Handler nicht mit. Er lässt dem Hund gegebenenfalls die komplette Leinenlänge, damit der Hund die Chance hat, die Situation entsprechend auszuarbeiten. Biegt der Hund dann richtig ab, wird er gelobt und der weitere Trail zu Ende gearbeitet.

Sitzt diese Übung verlässlich, so kann man damit beginnen, einen Alttrail am Vortag zu legen und den Frischtrail am aktuellen Tag, wobei beide Trails sich einfach kreuzen. Man beginnt mit der Suche auf der Altspur. Kommt man zum Kreuzungspunkt der beiden, verfährt man wie oben beschrieben. Der Hund soll auf den frischen Trail abbiegen, und zwar in die richtige Richtung! Dazu muss man ihm vielleicht etwas Leine lassen und einige Meter in die jeweiligen Richtungen mitgehen, in welche der Frischtrail verläuft. Der Hund wird diese Distanz benötigen, um herausfinden zu können, in welche Richtung die gesuchte Person gelaufen ist. Diese Übung lässt sich nun variieren, indem man zum Beispiel bereits auf der frischen Spur ansetzt und die Altspur als Verleitung annimmt.

EXKURS: DIE RICHTIGE RICHTUNG

Immer wieder kommt die Frage auf, wie sich ein Hund verhält, der im 90-Grad-Winkel auf eine gelaufene Spur trifft. Weiß der Hund, ob die Person von links nach rechts oder von rechts nach links gelaufen ist? Untersuchungen haben ergeben, dass Hunde in der Lage sind, die Laufrichtung innerhalb einer Distanz von 5 bis 7 Menschenschritten herauszufinden (Hepper und Wells, 2005). Wie der Hund das zustande bringt, ist allerdings nach wie vor ungeklärt. Was die Wissenschaft bislang herausgefunden hat: Das Geruchsbild hat sich für den Hund innerhalb von *ein bis zwei Sekunden bereits so weit verändert, dass er einen Unterschied zwischen „alter" und „neuer" Spur feststellen kann und damit auch erkennt, in welcher Richtung das frischere Geruchsbild zu finden ist, das heißt in welche Richtung die Spur verläuft.*

Allerdings beziehen sich die Studien auf relativ frische Spuren. Wie der Hund sich verhält, wenn er auf eine bereits vor Tagen ausgelegte Spur trifft, ist bis dato nicht näher erforscht. Hier sind wir nach wie vor auf eigene Beobachtungen angewiesen.

Robert Boulanger

Im Prinzip ist diese Arbeit der Kreuzungsarbeit sehr ähnlich. Wenn man sich die Kreuzung bildlich vorstellt, ist nun allerdings in jeder Richtung Scent der gesuchten Person vorhanden. Folgen werden wir dem Hund nur, wenn er die richtige Option wählt und uns diese auch mit deutlicher Körperspannung anzeigt.

Klappen diese Variationen sicher und zuverlässig, beginnen wir wieder mit Distraction und Duration zu arbeiten, Ablenkungen einzubauen wie bereits beschrieben und die zeitliche Differenz zwischen Alt- und Frischspur bis auf etwa 15 Minuten zu verringern.

Schlussbilanz

Wir sind nun an einem Punkt angelangt, an welchem wir Mensch und Hund nicht länger als Einsteiger oder Anfänger bezeichnen können. Sie befinden sich nun auf dem besten Weg zum Mantrailer-Team.

Wenn das Team nach diesem hier beschriebenen Programm aufgebaut wurde, ist, je nachdem, wie viel trainiert wird und wie talentiert Hund und Handler sind, einige Zeit vergangen. Sollte jemand allen Ernstes behaupten, er und sein Hund hätten sich dasselbe Können in ein paar Wochen locker angeeignet, so kann das schlichtweg nicht stimmen. Selbst wenn der Hund hochmotiviert ist und blitzschnell lernt, wird das bisher Vermittelte bei Weitem noch nicht gefestigt sein und es darf bezweifelt werden, dass der Hund bereits die notwendige Kondition aufgebaut hat – psychisch ebenso wie physisch.

Es ist also an der Zeit, Bilanz zu ziehen. Die Frage nach dem bislang Erreichten sollte der Handler ehrlich für sich beantworten. Hier zu schummeln bringt rein gar nichts. Dass es auch nichts bringt, die Dinge zu überhasten und bestimmte Ausbildungsabschnitte anzugehen, bevor nicht andere, grundlegende Schritte einwandfrei sitzen, sollten wir deutlich genug aufgezeigt haben. Sich hier etwas schönzureden, wäre in erster Linie auch unfair gegenüber dem Hund, denn die Arbeit wird von nun an immer anspruchsvoller und anstrengender.

Die Beurteilung des Teams

Um dem Leser einen Überblick zu geben, wo er sich einstufen kann, wollen wir uns an den Beurteilungsrichtlinien von Mantrailing Europe orientieren, die in vielen Bereichen der Rettungshunde- und Polizeiarbeit im deutschsprachigen Raum anerkannt und als Befähigung für den Realeinsatz legitimiert sind. Im Laufe der Jahre, die wir als Ausbilder tätig sind, hat es sich als sinnvoll erwiesen, die Teams über mehrere Tage auf ihnen unbekannten Trails zu begleiten und zu beobachten, um uns den Gesamtüberblick über ihren Leistungsstand zu verschaffen und diesen möglichst objektiv bewerten zu können. Für eine von uns ausgestellte Bestätigung der Einsatzfähigkeit eines Teams muss allerdings zusätzlich eine Prüfung abgelegt werden.

Für die Beurteilung der Teams geben wir insgesamt fünf Levels vor, die sich in der Länge, dem Schwierigkeitsgrad und der Spuralter der Trails unterscheiden.

So laufen Einsteiger und Anfänger Trails auf natürlichem Boden, auf Verleitpersonen wird noch verzichtet, ebenso auf das Ausarbeiten von großen Kreuzungen.

Technisches Know-how im Realeinsatz gehört dazu.

Mittlere und fortgeschrittene Teams begleiten wir auf Trails, die bis zu 12 Stunden alt und 1,3 bis 2,5 km lang sind und in städtischer Umgebung verlaufen. Auch Differenzierungen sind bereits ein Thema.

Bei einer Prüfung, die aus unserer Sicht zum Realeinsatz befähigt, stellen wir enorme Anforderungen an Hund und Handler, geht es doch unter Umständen um Menschenleben. Wie oft berichten die Medien von Vermissten, die mit Hundertschaften von Einsatzkräften, Polizisten, freiwilligen Helfern und Hunden gesucht werden – erfolglos. Tage oder Wochen danach wird die Leiche mehr oder weniger zufällig unweit der Stelle gefunden, an der die Person zuletzt gesichtet wurde. Wir haben uns zum Ziel gesetzt, dass dies niemals passieren soll, wenn ein von uns geprüfter Hund für einen Einsatz angefordert wird.

Die Spur liegt für diese Prüfung mindestens 36 Stunden, zumindest zwei Nächte. Die Länge beträgt zwischen 2 und 4 km, und auf dem Trail können sämtliche Schwierigkeiten miteinbezogen und miteinander kombiniert werden: U-Bahnstationen, Bahnhöfe, Einkaufszentren, Fußgängerzonen, Kreisverkehr, durchschnittlich 35 bis 50 Kreuzungen, Verleitpersonen usw. Hilfestellung wird von keiner Seite her geleistet, das Team muss den Trail vollkommen eigenständig ausarbeiten.

Einsatz bedeutet auch zu warten und Nerven zu bewahren.

Mit dieser Prüfung ist das Team, zumindest was die praktische Arbeit betrifft, von unserem Standpunkt aus gesehen für eine Zeitspanne von 18 Monaten einsatzfähig. Es sind zwar noch Nachweise bezüglich Funktechnik, Kartenlesen, GPS und Erster Hilfe zu erbringen, was aber die Arbeit mit dem Hund angeht, wäre damit die Einsatzfähigkeit erreicht.

An dieser Stelle unseres Lehrgangs haben wir nun einen mittleren bis fortgeschrittenen Level erreicht, aber bereits die Basis für eine Einsatzprüfung gelegt. Im Durchschnitt benötigen unsere Seminarteilnehmer zwölf bis 18 Monate, um auf dieses Niveau zu kommen. Im Durchschnitt bedeutet aber auch, dass es sehr wohl Teams gibt, die diesen Standard mit konsequentem Training und entsprechender Motivation in sechs Monaten erreichen, andere eben erst nach zwei Jahren. Für viele Teams bleibt es dann auch dabei. Sie sehen das Trailen als Hobby, als Beschäftigung für den Hund oder als sportliche Betätigung mit dem Hund.

Wer höher hinaus will, muss noch einiges an Zeit investieren. Auch wenn nicht mehr viel grundlegend Neues hinzukommt, liegt die Schwierigkeit vor allem darin, den Hund in seiner physischen und psychischen Kondition zu fördern. Eine 24 Stunden alte Spur erfordert einiges mehr an Konzentrationsfähigkeit als eine frische Spur. 2000 bis 2500 Meter durch eine Großstadt bei 28 °C können einem länger vorkommen, als man zu träumen vermag.

Es ist absolut keine Schande, diesen hohen Level nicht zu erreichen, der einiges an Leistung vom Hund wie auch vom Handler abverlangt, und nicht jedes Team kann dieser Belastung gewachsen sein.

In Sachen der Hunde

Warum führen wir unsere Richtlinien zur Leistungsbeurteilung hier an? In diesem Stadium der Ausbildung stehen wir nun an einer Schwelle, an der sich der Handler entscheiden muss, wie es weitergehen soll. Leider werden aber genau ab diesem Niveau sehr viele gute Hunde regelrecht verheizt – weil der Handler sich selbst belügt und, aus welchen Gründen auch immer, meist aber getrieben von falschem Ehrgeiz, Selbstinszenierung, Selbstüberschätzung oder purem Konkurrenzdenken, seinem Hund Dinge zumutet, denen dieser einfach noch nicht gewachsen ist. Den Wenigsten ist bewusst, dass der Hund am Trail körperliche Schwerarbeit verrichtet. Ähnlich wie bei Hochleistungssportlern muss der Körper des Hundes an diese enormen Leistungen langsam herangeführt werden.

Wer dagegen am Ende der Lektüre dieses Buches beschließt, es bei dem erreichten Level zu belassen und sich darüber freut, beim Trailen Spaß mit seinem Hund zu haben und mit ihm zusammen seine Freizeit zu verbringen, dem zollen wir gern Respekt und Anerkennung. Vielleicht hat der Handler für sich ehrlich erkannt, dass ihm die langwierige weitere Ausbildung doch zu anstrengend erscheint oder dass ihm das Konditionstraining des Hundes zu zeitaufwendig wird. Aber vor allem hat er sich ausreichend Wissen erworben, um zu verstehen, dass sich jede Art von verfrühten Experimenten in Richtung noch längere, noch schwierigere und noch ältere Trails zwar gut am Stammtisch anhören, aber nicht unbedingt gut für seinen Hund sein müssen.

Mantrailing wird derzeit immer populärer und findet immer mehr Zulauf. Einigkeit zwischen den verschiedenen Schulen besteht leider meist nur darin, dass zwei überzeugt davon sind, dass die dritte nichts taugt. „Die" perfekte Methode gibt es nicht und neben dieser in diesem Buch vorgestellten wird es mit Sicherheit noch weitere geben, die zum Erfolg führen. Wir raten jedoch jedem angehenden Mantrailer, sich bei der Auswahl seiner Ausbilder zu vergewissern, dass diese weder esoterisch anmutende Behauptungen noch Gerüchte verkaufen. Gerade für Laien ist es ein schwieriger und nicht selten auch kostspieliger Prozess herauszufinden, wer einem nur etwas vormacht und wer von der Sache, die er als sein Spezialgebiet vermarktet, wirklich eine Ahnung hat. All jenen, die sich schon im Vorfeld mit Hunden beschäftigt haben, sei ans Herz gelegt, ihren Hundeverstand einzuschalten und zu benutzen. Mantrailing ist in erster Linie

Am Ende zählt die gemeinsame Freude.

eine Arbeit mit dem Hund wie jede andere auch. Hier ist nichts mystisch, hier ist nichts anders als in der übrigen Welt der Hundeausbildung.

Doch wie Ádám bereits im Vorwort betont hat, hat auch die Wissenschaft noch viel vor sich, um für alle Phänomene rund um das Suchverhalten von Hunden eine Erklärung zu finden. Selbst die biochemischen Forschungen zum Thema menschlicher Individualgeruch sind noch längst nicht an ihr Ende gelangt. Mir persönlich wird es auch weiterhin ein Anliegen sein, alle neu gewonnenen Erkenntnise zusammenzutragen und in verständlicher Form für die Weiterentwicklung der Mantrailing-Ausbildung zur Verfügung zu stellen. Was die Wissenschaft bereits herausgefunden hat, sollte man keinesfalls als unwesentlich abtun, sondern bei der Arbeit mit dem Hund beherzigen.

Mit diesem Wissen im Hintergrund, zusammen mit viel Einfühlungsvermögen und Gespür für unsere Vierbeiner, soll das Training schließlich sowohl dem Hund – der sich verstanden fühlen kann –, wie auch dem Handler – der versteht, warum sein Hund am Trail so und nicht anders reagiert –, Spaß machen und beide gemeinsam auf den Weg zum erfolgreichen Mantrailing-Team führen.

Literaturverzeichnis

Bloch, Günther und Radinger, Elli: **Wölfisch für Hundehalter.** Franck-Kosmos, Stuttgart 2010.

Böcker, Werner et al.: **Pathologie.** Urban und Fischer, München 2001.

Eder, Max und Gedigk, Peter: **Allgemeine Pathologie und Pathologische Anatomie.** Springer, Berlin, Heidelberg 2006.

Fischer, M.S. und Lilje, K.E.: **Hunde in Bewegung.** VDH Service GmbH und Franckh-Kosmos, Stuttgart 2011.

Fritsch, Peter: **Dermatologie und Venerologie.** Springer, Berlin, Heidelberg 1998.

Gansloßer, Udo: **Verhaltensbiologie für Hundehalter: Verhaltensweisen aus dem Tierreich verstehen und auf den Hund beziehen.** Kosmos, Stuttgart 2007.

Hepper, Peter G. und Wells, Deborah L.: **Chemical Senses 30.** Oxford University Press, Oxford 2005.

Junqueira, L.C. et al.: **Histologie.** 2. dt. Auflage, Springer, Berlin 1986.

Kippenberger S., Havlíček J. et al.: **‚Nosing Around' the human skin: What information is concealed in skin odour?** Exp. Dermatol. Sep; 21(9), Blackwell Publishing, Oxford 2012.

Kocher, Kevin und Robin: **How to Train a Police Bloodhound.** Eigenverlag, Spotssylvania, Virginia 2010.

Labows, John N., McGinley, Kenneth J. und Kligman, Albert M.: **Perspectives on axillary odor.** Journal of the Society of Cosmetic Chemists, Vol. 33, No. 4, 193-202.

Legrum, Wolfgang. **Riechstoffe, zwischen Gestank und Duft.** Vieweg und Teubner, Wiesbaden 2011.

Meyes, Alexander: **Intensivkurs Dermatologie.** Urban und Fischer, München 2006.

Miklósi, Ádám: **Hunde. Evolution, Kognition und Verhalten.** Kosmos, Stuttgart 2011.

Syrotuck, William G.: **Scent and the Scenting Dog.** Mechanicsburg, Pennsylvania 2008(6).

Wheather, Paul R., Burkit, Harold G. und Daniels, Victor G.: **Funktionelle Histologie,** Urban und Schwarzenberg, München 1987.

DVD:
Hundehalterschulung nach HundeTeamSchule (Anita Balser), 2009.
Quellen aus dem Internet:
Jennifer McDowall, 2005, Major Histocompatibility Complex
http://www.ebi.ac.uk/interpro/potm/2005_2/Page1.htm [02.11.2012]
Im Gespräch:
Dr. Zsofie Virany, WSC Ernstbrunn/AUT, November 2012